KB264091

멘사 스도쿠 챌린지

멘사 스도쿠 챌린지
IQ 148을 위한 두뇌 트레이닝

1판 1쇄 펴낸 날 2018년 1월 15일
1판 3쇄 펴낸 날 2019년 10월 30일

지은이 | 피터 고든, 프랭크 롱고

펴낸이 | 박윤태
펴낸곳 | 보누스
등　록 | 2001년 8월 17일 제313-2002-179호
주　소 | 서울시 마포구 동교로12안길 31
전　화 | 02-333-3114
팩　스 | 02-3143-3254
E-mail | bonus@bonusbook.co.kr

ISBN 978-89-6494-320-5 04410

＊이 책은《멘사 스도쿠 챌린지 : IQ 148을 위한 논리게임》의 개정판입니다.

• 책값은 뒤표지에 있습니다.
• 이 도서의 국립중앙도서관 출판예정도서목록(CIP)은 서지정보유통지원시스템 홈페이지
　(http://seoji.nl.go.kr)와 국가자료공동목록시스템(http://www.nl.go.kr/kolisnet)에서 이용하실 수 있습니다.
　(CIP제어번호: CIP2017028163)

IQ148을 위한 두뇌 트레이닝

 멘사 스도쿠 챌린지

MENSA SUDOKU CHALLENGE

피터 고든 · 프랭크 롱고 지음

보누스

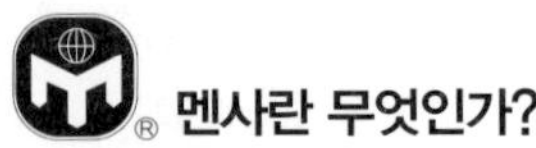

멘사란 무엇인가?

멘사란 '탁자'를 뜻하는 라틴어로, 지능지수 상위 2% 이내(IQ 148 이상)의 사람만 가입할 수 있는 천재들의 모임이다. 1946년 영국에서 창설되어 현재 100여 개국 이상에 13만여 명의 회원이 있다. 멘사코리아는 1998년에 문을 열었다. 멘사의 목적은 다음과 같다.

- 첫째, 인류의 이익을 위해 인간의 지능을 탐구하고 배양한다.
- 둘째, 지능의 본질과 특징, 활용처 연구에 힘쓴다.
- 셋째, 회원들에게 지적·사회적으로 자극이 될 만한 환경을 마련한다.

IQ 점수가 전체 인구의 상위 2%에 해당하는 사람은 누구든 멘사 회원이 될 수 있다. 우리가 찾고 있는 '50명 가운데 한 명'이 혹시 당신은 아닌지?

멘사 회원이 되면 다음과 같은 혜택을 누릴 수 있다.

- 국내외의 네트워크 활동과 친목 활동
- 예술에서 동물학에 이르는 각종 취미 모임
- 매달 발행되는 회원용 잡지와 해당 지역의 소식지
- 게임 경시대회, 친목 도모 등을 위한 지역 모임
- 주말마다 열리는 국내외 모임과 회의
- 지적 자극에 도움이 되는 각종 강의와 세미나
- 여행객을 위한 세계적인 네트워크인 'SIGHT' 이용 가능

멘사에 대한 좀 더 자세한 정보는 멘사코리아의 홈페이지를 참고하기 바란다.

- 홈페이지 : www.mensakorea.org

CONTENTS

Mensa Sudoku Challenge

GUIDE

▌멘사 스도쿠에 도전한다

스도쿠의 규칙

스도쿠를 풀기 위해서는 다음 한 가지 규칙만 따르면 된다.

가로, 세로, 3×3 박스 안의 9개의 칸에 1부터 9까지의 숫자를 채워 넣는다.

아래는 스도쿠의 예와 정답이다.

스도쿠의 역사

스도쿠는 《델 펜슬 퍼즐 & 워드게임 Dell Pencil Puzzles & Word Games》 1979년 5월호에 '숫자 넣기 Number Place'라는 이름으로 처음 소개

	6		7	4			2	
		2	6	8				4
			8			7		
		6					1	9
3								6
2	1				4			
	5				3			
9						7	3	
	7			8	1		5	

스도쿠 예

1	6	5	7	4	9	8	2	3
7	8	2	6	3	5	1	9	4
4	3	9	8	1	2	6	7	5
5	4	6	3	7	8	2	1	9
3	9	7	2	1	4	5	8	6
2	1	8	9	5	6	4	3	7
8	5	4	2	9	3	7	6	1
9	2	1	5	6	7	3	4	8
6	7	3	4	8	1	9	5	2

정답

되었다. 이 '숫자 넣기'라는 퍼즐은 1989년에 사망한 건축가 하워드 간스Howard Garns에 의해 만들어진 것으로 알려져 있다.

미국의 많은 논리퍼즐이 그렇듯이, 스도쿠 또한 일본의 퍼즐 잡지를 통해 인기를 얻게 되었다. 스도쿠는 니코리 출판사에 의해 '숫자는 하나로 제한한다'라는 뜻의 '스지와도쿠신니카기루數字は獨身に限る'에서 이름이 바뀌었는데, 도쿠신(독신)이라는 단어가 '결혼하지 않은 미혼자'를 가리키는 뜻이 강해 숫자와는 연관성이 없었기 때문에 의미가 제대로 전달되지 않았다. 따라서 '스지'에서 '스'를, '도쿠신'에서 '도쿠'를 따서 '한 개의 숫자single number'라는 뜻의 '스도쿠數獨'로 짧아지게 되었다.

이후 니코리 출판사는 두 가지 규칙을 만들어냈다. 첫째는 스도쿠를 처음 시작할 때 30개 이상의 숫자를 제시하지 않는 것이며, 둘째는 그 숫자들이 기입되어 있는 모습이 반드시 대칭이 되어야 한다는 것이다.

아래의 스도쿠를 보자. 첫 번째는 맨 처음에 예로 제시했던 것이

	6		7	4			2	
		2	6					4
			8				7	
		6					1	9
3								6
2	1					4		
	5				3			
9					7	3		
	7			8	1		5	

스도쿠 예

	5		1	8			7	
		3	7					9
			3				5	
		4					1	2
6								3
9	1					6		
	7				8			
4					6	2		
	2			7	4		6	

180도 회전시킨 것

고, 두 번째는 이것을 180도 회전시킨 것이다. 숫자의 위치가 일치한다.

스도쿠가 주목받게 된 것은 뉴질랜드 출신의 웨인 굴드Wayne Gould 덕분이었다. 홍콩에서 판사직에 종사하다 은퇴한 그는 1997년에 휴가차 일본에 갔다가 스도쿠를 발견했다. 이 퍼즐이 무척 흥미로웠던 그는 스도쿠 문제를 생성해내는 컴퓨터 프로그램을 개발하며 여가시간을 보냈다.

2004년 9월, 그는 뉴햄프셔 지역 신문인《콘웨이 데일리 선The Conway Daily Sun》에 자신이 만든 문제를 게재했다. 신문에 스도쿠를 무료로 싣고, 그 대신 자신의 홈페이지 주소 'www.sudoku.com'을 노출한 것은 정말 대단한 시도였다. 그리고 마침내 2004년 11월에는 영국의《타임스》에 스도쿠 퍼즐이 실리게 되었다. 스도쿠의 인기는 폭발적이었다.

오늘날까지 신문사는 굴드에게 스도쿠에 대한 수수료를 지불하는 대신 홈페이지 주소를 함께 게재하고 있으며, 홈페이지에서는 그가 만든 스도쿠 프로그램을 다운받을 수 있다.(체험판은 무료이며 정품은 유료이다.) 굴드는 스도쿠 퍼즐로 상당한 자산을 모을 수 있었다.

추가 규칙

처음 제시되는 숫자들이 30개를 넘으면 안 된다거나, 좌우대칭을 유지해야 한다는 추가 규칙이 중요한 이유는 무엇일까?

만약 숫자가 80개 주어지고 빈칸에 들어갈 숫자 하나만을 찾아내는 문제라면 당연히 도전할 가치가 없을 것이다.(어린이용 스도쿠 책에서 81개 중 72개가 적혀 있는 것을 본 적은 있다.) 숫자 30개가 적힌 스도쿠라면 때로는 칸에 선을 그려가면서까지 문제를 풀어야 하겠지만, 절반 이상이 먼저 제시되어 있다면 시시하고 재미없을 것이다. 또한 스도쿠의 숫자가 대칭으로 배열되어 있으면 보기에도 좋을 뿐 아니라, 문제를 최대한 어렵게 만들 수 있으므로 더 흥미를 끌 수 있다. 웨인 굴드에게 30개가 넘는 숫자가 제시되어 있고 비대칭인 스도쿠에 대해 어떻게 생각하느냐고 물어본 적이 있는데, 그는 그런 스도쿠를 만든 사람은 독자들을 과소평가한 것이라고 말했다.

앞으로 알게 되겠지만, 대부분의 사람들이 미처 생각하지 못한 절대적으로 중요한 마지막 한 가지 규칙이 있다. 이 규칙은 스도쿠 퍼즐은 하나의 유일무이한 해답만을 갖는다는 것, 즉 필요한 숫자를 빈칸에 정확하게 채워 넣을 수 있는 방법은 단 한 가지뿐이라는 것이다.(스도쿠의 해법을 망라한 '고도니언 로직Gordonian Logic' 장을 참고하라.)

스도쿠 용어

다음에 스도쿠 풀이에 필요한 용어들을 그림으로 설명해놓았다.(14~16쪽 참조) 숫자가 들어갈 각각의 작은 사각형은 '셀cell'이라고 하며, 모두 81개의 셀이 있다. 가로줄 '로우row'는 9개의 셀로 이루어져 있으며, 맨 위의 '로우1'부터 맨 아래쪽의 '로우9'까지 모두 9개이다.

마찬가지로, 셀 9개가 모여 세로줄인 '컬럼column'을 이룬다. 컬럼은 맨 왼쪽의 '컬럼1'부터 맨 오른쪽의 '컬럼9'까지 모두 9개이다. 가로세로 3칸씩, 굵은 선으로 테두리를 두른 부분은 '박스box'라고 하며 모두 9개가 있다. 윗줄의 박스 3개는 왼쪽부터 순서대로 '박스1' '박스2' '박스3'이라고 하며, 그 아랫줄의 3개는 '박스4' '박스5' '박스6', 마지막 줄의 3개는 '박스7' '박스8' '박스9'라고 한다.

'빅 로우big row'와 '빅 컬럼big column'도 있다. '빅 로우'는 로우 3개와 박스 3개로 이루어져 있으며, 제일 위쪽에 위치해 있는 것을 '빅 로우1', 제일 아래쪽에 위치해 있는 것을 '빅 로우3'이라고 한다. '빅 컬럼' 또한 방향이 세로인 것만 제외하고는 빅 로우와 같다.

모든 셀은 자신이 속한 로우, 컬럼, 박스에 모두 20개의 이웃 셀을 가지고 있다. 이 20개의 이웃 셀들을 그 셀의 '버디스buddies'라고 부른다. 버디스를 이용해 스도쿠의 규칙을 다시 이야기하면, 특

11	12	13	14	15	16	17	18	19
21	22	23	24	25	26	27	28	29
31	32	33	34	35	36	37	38	39
41	42	43	44	45	46	47	48	49
51	52	53	54	55	56	57	58	59
61	62	63	64	65	66	67	68	69
71	72	73	74	75	76	77	78	79
81	82	83	84	85	86	87	88	89
91	92	93	94	95	96	97	98	99

각 셀의 명칭

정 셀의 숫자가 그 셀의 버디스에 중복되어 나오지 않도록 1~9를 채워 넣는 것이다.

이제 셀을 자세히 살펴보자. '로우6의 왼쪽에서 7번째 셀' 또는 '로우6에 컬럼7의 셀'이라고 말하기는 너무 복잡하여 각각의 셀을 지칭할 좀 더 빠른 방법이 필요했다.

그래서 몇 가지 다양한 방법들을 시도해보았는데, 가장 쉽고 빠른 방법이 숫자 2개로 나타내는 것이었다. 첫 번째에는 가로 셀의 숫자를, 두 번째에는 세로 셀의 숫자를 넣어 읽는 것이다. 이렇게 하면 '로우6에 컬럼7의 셀'을 간단하게 '셀67'로 나타낼 수 있다. 12쪽의 그림은 이런 식으로 정해놓은 각 셀의 명칭이다.

마지막으로, '후보숫자candidate'라는 것이 있다. 후보숫자란 각 셀 안에 어떤 숫자가 들어갈 수 있는지 표시해두기 위해 작은 글씨로 적어놓은 숫자를 말한다. 앞서 설명했듯이, 후보숫자는 숫자 9개 중에서 그 셀의 버디스에 들어 있는 숫자만 아니라면 어떤 것이든 가능하다. 하지만 앞으로는 그 셀의 버디스에 들어 있지 않다 하더라도 후보에서 제외해야 할 숫자를 골라내는 방법도 배우게 될 것이다. 다음 쪽에 로우, 칼럼, 셀, 박스 등을 좀 더 쉽게 이해할 수 있도록 시각적으로 꾸며놓았다. 예시되어 있는 스도쿠 그림에서 바탕에 음영 처리된 부분이 해당 용어가 지칭하는 곳이다.

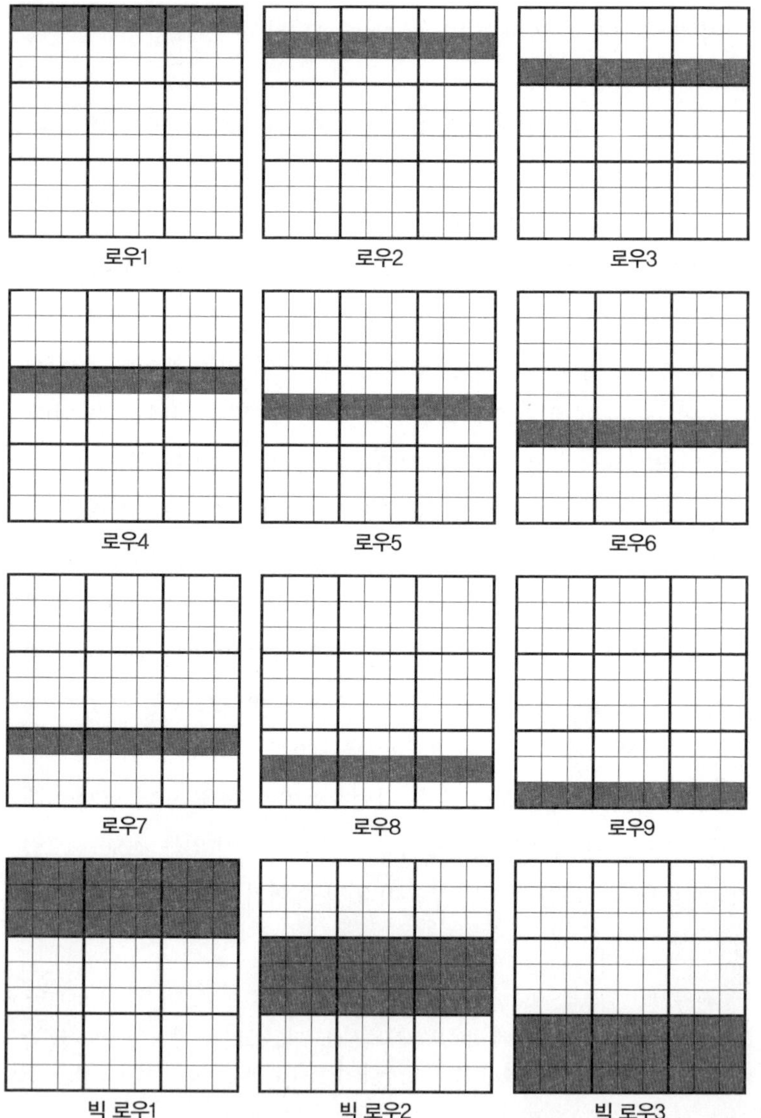

로우1
로우2
로우3
로우4
로우5
로우6
로우7
로우8
로우9
빅 로우1
빅 로우2
빅 로우3

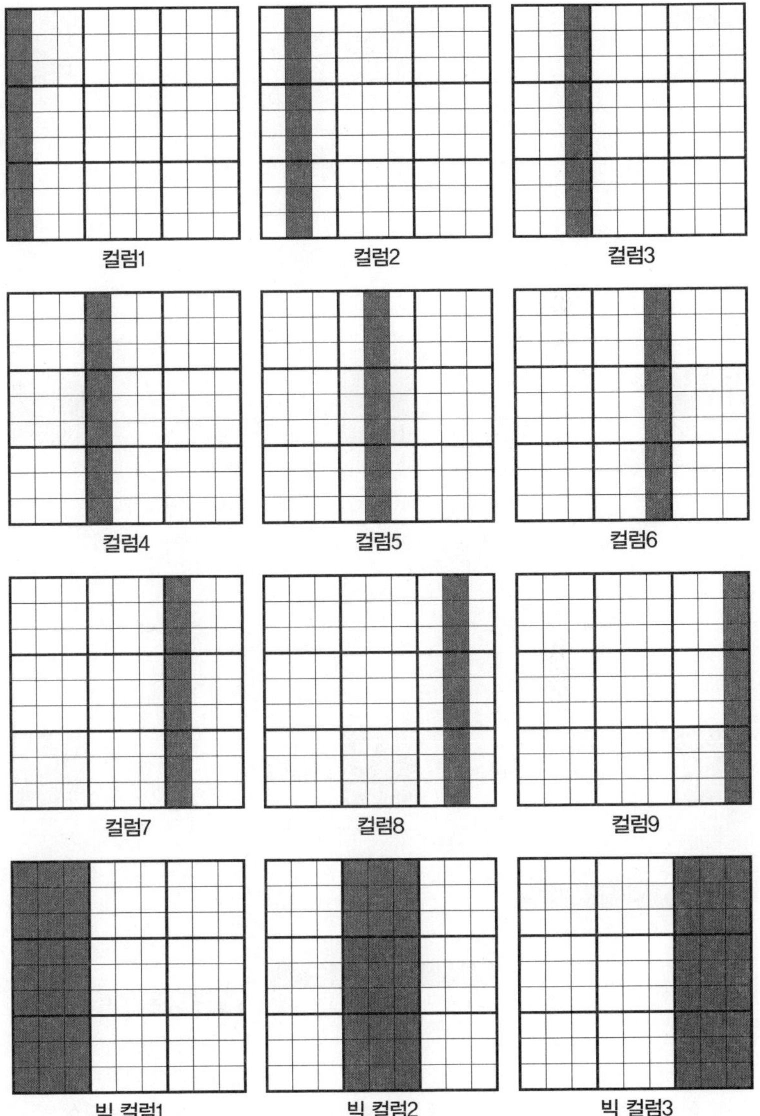

컬럼1
컬럼2
컬럼3
컬럼4
컬럼5
컬럼6
컬럼7
컬럼8
컬럼9
빅 컬럼1
빅 컬럼2
빅 컬럼3

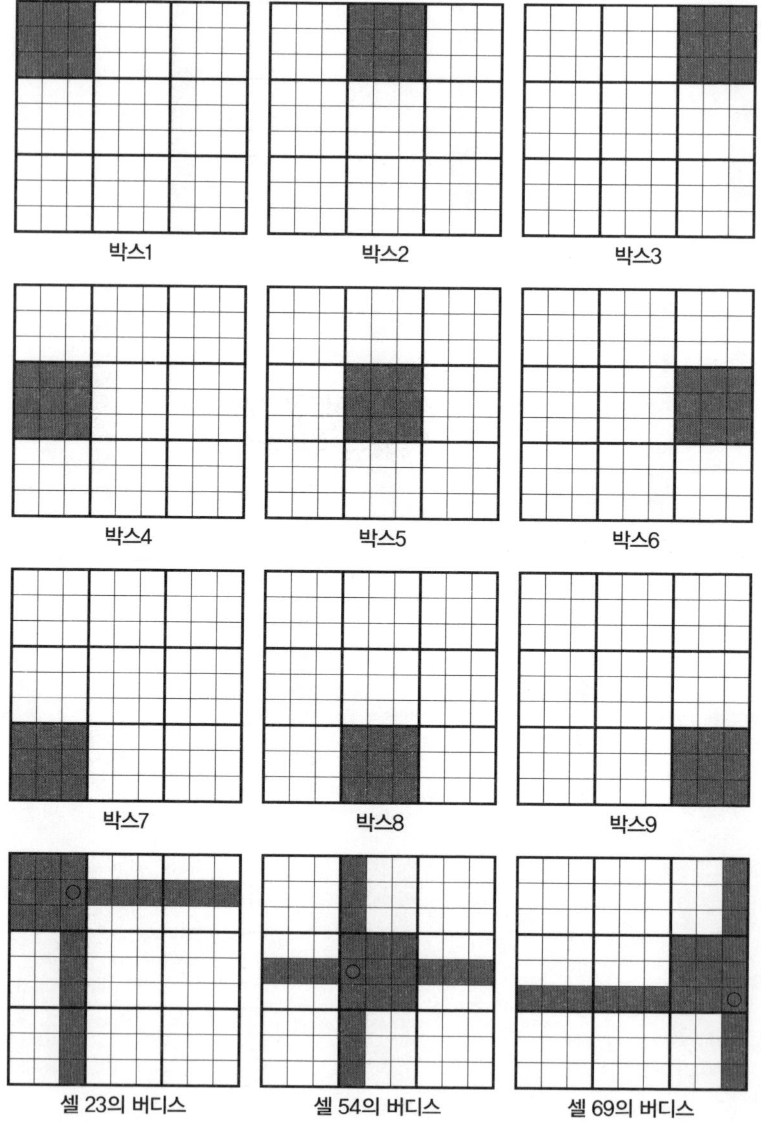

박스1

박스2

박스3

박스4

박스5

박스6

박스7

박스8

박스9

셀 23의 버디스

셀 54의 버디스

셀 69의 버디스

하나 찾기

아래 스도쿠 문제의 빈칸을 채우기 위해 아인슈타인이 될 필요는 없을 것이다.

3	7	5	2	9	1	6		8

만약 여러분이 1부터 9까지 숫자를 셀 수만 있다면 숫자 4가 빠졌다는 것을 대번에 알 수 있을 것이다. 유치원에 다니는 내 딸아이도 이 문제는 아무 어려움 없이 풀었다. 8개의 숫자가 채워진 아래 박스에서 어떤 숫자가 빠졌는지 찾아내는 것 역시 너무나 쉽다.

2	9	8
1	5	4
	7	6

3만 빠져 있다. 이처럼 로우, 컬럼, 박스의 셀 9개 중 8개만이 채워져 있을 경우 이 방법을 사용해 간단하게 빈칸을 채울 수 있을 것이다

아래 〈예1〉을 보자. 셀25에는 어떤 숫자가 들어가야 할까? 로우 2에 숫자 1, 2, 7이 있으므로 1, 2, 7은 들어갈 수 없다. 또한 박스2에 3, 4, 9가 있으므로 3, 4, 9도 들어갈 수 없다. 그리고 6, 8 또한 컬럼5에 있으므로 들어갈 수 없다. 따라서 셀25에 들어갈 수 없는 숫자는 1, 2, 3, 4, 6, 7, 8, 9이므로, 셀25에 들어갈 숫자는 5가 된다.

이것이 '하나 찾기'이다. 오직 한 가지 숫자만 들어갈 수 있는 셀을 찾아서 그 숫자를 넣는 것이다.

예1

그렇다면 하나 찾기만 가지고 스도쿠를 끝까지 풀 수 있을까? 그럴 수 있을 때도 있다. 물론 대개 이 방법만으로는 문제를 풀 수 없지만, 지금은 연습 차원에서 이 방법을 사용해 문제를 풀어보자.

다음 쪽에 있는 〈예2〉의 셀13, 셀41, 셀97을 보자. 이 셀들은 하나 찾기로 풀 수 있다. 셀13에 8, 셀41에 4, 셀97에 4를 넣는다.

하나 찾기를 사용할 수 있는 셀은 이 3개뿐이다.

하지만 이 셀들을 다 채워 넣으면 다른 셀들도 하나 찾기를 사용해 채울 수 있다. 셀23, 33, 48, 87은 각각 3, 6, 6, 1이 들어가야만한다. 이 숫자를 넣고 나면 셀17, 42, 77, 89, 93에 숫자를 넣을 수 있는데 각각 5, 2, 6, 9, 5이다. 이런 다음에는 셀19에 1, 셀46에 9, 셀49에 5, 셀73에 4, 셀84에 4, 셀98에 3을 넣을 수 있다.

2			3	6	4			
	7			5				6
5	4							3
		7	8			3		
	5	9				7	1	
		1			5	9		
7							2	8
6				7			5	
			6	2	1			7

예2

여기까지 풀면 다음과 같다.

2		8	3	6	4	5		1
	7	3		5				6
5	4	6						3
4	2	7	8		9	3	6	5
	5	9				7	1	
		1			5	9		
7		4				6	2	8
6			4	7		1	5	9
		5	6	2	1	4	3	7

예2-1

계속해서 풀어보면, 셀12에 9, 셀45에 1, 셀54에 2, 셀76에 3, 셀83에 2가 들어간다. 이 숫자들을 모두 넣고 나면 셀18에 7, 셀21에 1, 셀56에 6, 셀59에 4, 셀64에 7, 셀72에 1, 셀75에 9, 셀86에 8, 셀92에 8이 들어감을 알 수 있다.

지금까지 푼 것은 〈예2-2〉와 같다.

2	9	8	3	6	4	5	7	1
1	7	3		5				6
5	4	6						3
4	2	7	8	1	9	3	6	5
	5	9	2		6	7	1	4
		1	7		5	9		
7	1	4		9	3	6	2	8
6		2	4	7	8	1	5	9
	8	5	6	2	1	4	3	7

예2-2

이제 두 번 정도만 살펴보면 끝난다. 셀24에 9, 셀26에 2, 셀35에 8, 셀55에 3, 셀68에 8, 셀69에 2, 셀74에 5, 셀82에 3, 셀91에 9를 넣는다. 그러면 빈칸이 10개 남게 되는데, 이 빈칸들 모두 하나 찾기로 채워 넣을 수 있다. 셀27에 8, 셀28에 4, 셀34에 1, 셀36에 7, 셀37에 2, 셀38에 9, 셀51에 8, 셀61에 3, 셀62에 6, 셀65에 4가 들어간다. 다 찾았다! 처음부터 끝까지 하나 찾기로만 문제를 풀었다.

2	9	8	3	6	4	5	7	1
1	7	3	9	5	2	8	4	6
5	4	6	1	8	7	2	9	3
4	2	7	8	1	9	3	6	5
8	5	9	2	3	6	7	1	4
3	6	1	7	4	5	9	8	2
7	1	4	5	9	3	6	2	8
6	3	2	4	7	8	1	5	9
9	8	5	6	2	1	4	3	7

예2 정답

후보숫자

앞의 예제에서는 하나 찾기만 사용하여 문제를 풀어보았다. 하지만 특정 셀을 잘 살펴보라고 일러주지 않는 한 하나 찾기를 사용할 셀을 찾는 데 상당한 시간이 걸린다. 로우, 컬럼, 박스에 숫자 8개가 이미 적혀 있을 때에는 손쉽게 빠진 숫자를 찾아낼 수 있지만, 숫자들이 여기저기 흩어져 있을 때에는 하나 찾기로 숫자를 넣을 셀을 찾아내는 데 많은 시간이 걸리게 된다. 셀을 찾아서 숫자를 넣는 더 좋은 방법에 대해서는 다음 장에서 배우게 될 것이다.

하지만 스도쿠를 풀다가 막혔을 경우, 하나 찾기를 사용할 수 있는 셀인지 하나하나 살펴보면 계속해서 문제를 풀어나갈 방법이 보이곤 할 것이다.

하나 찾기로 숫자를 넣을 수 있는 셀이 어떤 것인지 알 수 있는 가장 간단한 방법은 셀에 들어갈 수 있는 모든 숫자를 작은 글자로 써보는 것이다. 이를 '후보숫자'라고 한다. 작은 글자로 숫자를 하나라도 써 넣은 셀은 하나 찾기로 답을 채울 수 있다. 숫자를 넣고 난 다음에는 로우, 컬럼, 박스(셀의 버디스)의 모든 셀을 살펴 후보로 적혀 있는 숫자를 제거한다.

스도쿠를 푸는 다른 해법들을 한번 이해하고 나면, 비교적 쉬운 퍼즐에서는 이 방법이 그다지 필요 없다고 느낄지도 모른다. 하지만 좀 더 복잡하고 어려운 퍼즐을 푸는 데에는 많은 도움이 되기

2	198	8	3	6	4	158	789	159
1389	7	38	129	5	289	1248	489	6
5	4	68	1279	189	2789	128	789	3
4	26	7	8	149	269	3	46	245
348	5	9	24	34	236	7	1	24
348	2368	1	247	34	5	9	468	24
7	139	345	459	349	39	146	2	8
6	12389	2348	49	7	389	14	5	149
3489	389	3458	6	2	1	4	349	7

예2-3

때문에 후보숫자를 가지고 문제를 푸는 방법을 배울 필요가 있다.

〈예2-3〉은 우리가 이미 앞서 풀었던 문제인데, 후보숫자들을 전부 기록한 것이다.

셀13, 41, 97은 모두 하나의 후보숫자만을 가지고 있기 때문에 하나 찾기로 숫자를 넣을 수 있다. 셀13에 큰 글씨로 8을 적어 넣고 셀13의 버디스에 있는 후보숫자 8을 모두 지운다. 즉, 셀12, 17, 18, 21, 23, 33, 83, 93에 있는 작은 숫자 8을 지운다. 같은 방법으로 셀41과 97에 4를 채워 넣고, 셀41과 97의 버디스에 있는 작은 숫자 4를 지우면 다음과 같아진다.

2	19	**8**	**3**	**6**	**4**	15	79	159
139	**7**	3	129	**5**	289	128	489	**6**
5	**4**	6	1279	189	2789	128	789	**3**
4	26	**7**	**8**	19	269	**3**	6	25
38	**5**	**9**	24	34	236	**7**	**1**	24
38	2368	**1**	247	34	**5**	**9**	468	24
7	139	345	459	349	39	16	**2**	**8**
6	12389	234	49	**7**	389	1	**5**	19
389	389	35	**6**	**2**	**1**	**4**	39	**7**

예2-4

이제부터는 어떤 셀에 후보숫자가 하나만 있으면 그것을 큰 숫자로 바꾸어 넣고 그 셀과 버디스에 있는 후보숫자를 지워나간다.

다음의 그림 7개는 각 단계별로 숫자가 어떻게 들어가는지 보여준다. 이 그림들을 따라가보자. 이 장 첫머리에서 썼던 방법과 똑

같지만 지금은 후보숫자들이 있어서 문제를 더 알기 쉽게 만들어
준다. 이것을 이해했다면 다음 해법인 훑어보기를 배울 준비가 된
것이다.

예2-5

예2-6

예2-7

예2-8

2	9	8	3	6	4	5	7	1
1	7	3	(9)	5	(2)	(28)	(489)	6
5	4	6	(19)	8	(27)	(28)	(89)	3
4	2	7	8	1	9	3	6	5
(38)	5	9	2	(3)	6	7	1	4
(38)	(36)	1	7	(34)	5	9	(8)	(2)
7	1	4	(5)	9	3	6	2	8
6	(3)	2	4	7	8	1	5	9
(9)	8	5	6	2	1	4	3	7

예2-9

2	9	8	3	6	4	5	7	1
1	7	3	9	5	2	(8)	(4)	6
5	4	6	(1)	8	(7)	(2)	(9)	3
4	2	7	8	1	9	3	6	5
(8)	5	9	2	3	6	7	1	4
(3)	(6)	1	7	(4)	5	9	8	2
7	1	4	5	9	3	6	2	8
6	3	2	4	7	8	1	5	9
9	8	5	6	2	1	4	3	7

예2-10

2	9	8	3	6	4	5	7	1
1	7	3	9	5	2	8	4	6
5	4	6	1	8	7	2	9	3
4	2	7	8	1	9	3	6	5
8	5	9	2	3	6	7	1	4
3	6	1	7	4	5	9	8	2
7	1	4	5	9	3	6	2	8
6	3	2	4	7	8	1	5	9
9	8	5	6	2	1	4	3	7

예2 정답

001

	7			5		4		
3		5		4	6			1
4	2	6						
				1		3		
		9	7		8	2		
		2		9				
						8	3	6
1			4	8		5		7
		8		6			9	

002

4	8					7		
3	9							
		6	1	5	9		8	
				7	2		3	1
		9				6		
2	5		4	6				
	1		5	2	8	3		
							5	9
		2					1	4

003

8					1		5	9
		7					6	
		5	7	8			1	4
	8		9					1
		9				6		
7					6		9	
3	6			1	9	2		
	1						9	
9	7		2					8

004

	2			9		1		
	4			3	7			9
5			6		2	7		
	7		8					
1			7		6			4
					4		8	
		9	4		5			3
3			9	8			2	
		5		7				6

005

2					1	9			
			3			8		5	2
3			7						
	4	2					5	7	
	1		6		3			8	
	8	3					4	6	
					7				8
8	5		9		2				
			1	8					5

006

6	8		4	9				
		4			7			8
		7				6		2
			7		1		6	
	7			2			1	
	2		9		5			
3		2				9		
7			1			5		
				5	8		7	6

007

		1		8			6	3
	4	9			3			
		7	6				1	
				1			3	9
1			8		9			5
9	7			5				
	9				2	8		
			9			3	5	
5	3			6		7		

008

3			1				5	
		5			1			8
	9			8		3		
			4	9			7	1
	2		7		5		6	
8	1			6	2			
		6		5			9	
4			1			6		
	3					7		5

009

6				9		1		
			7		8	3		
	5		6	4			9	
5	6							2
8		4				7		6
9							8	1
	1			3	9		5	
		6	8		5			
		5		2				9

010

		5	1	6				
	9				7	1	8	
	8		4			7		
		1	7	8				2
8				5	9	6		
		7			4		3	
	2	4	8				6	
				7	6	2		

011

	9			6				1
			1	8			2	
2			9			8		
3	2					6		9
		9		1		5		
7		6					3	4
		4			8			3
	8			7	9			
5				3			9	

012

	6	1	8					
5		9	2	4		1	8	
4								
						9	1	7
				6				
1	8	4						
								3
	1	5		7	3	4		9
					5	7	6	

훑어보기

스도쿠의 모든 로우에는 1부터 9까지 숫자가 한 번씩 들어간다.
따라서 로우 3개로 이루어진 빅 로우에는 1부터 9까지가 세 번씩
들어가게 된다. 만약 빅 로우에 같은 숫자가 두 번 주어져 있다면
세 번째는 어느 자리여야 하는지 그 범위를 좁혀나갈 수 있을 것
이다. 이것을 '훑어보기'라고 한다.

다음 예를 보자.

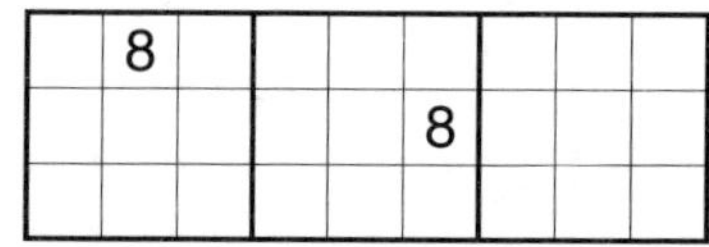

빅 로우에 8이 2개 있다. 세 번째 8은 어디에 들어가야 할까? 맨
위 첫 번째 로우에는 이미 8이 있으므로 들어갈 수 없고, 두 번째
로우도 마찬가지다. 따라서 8은 반드시 세 번째 로우에만 들어갈
수 있다. 하지만 세 번째 로우 어디에 들어가야 할까? 맨 왼쪽과
가운데 박스에는 벌써 8이 있으므로 오른쪽 박스 세 번째 로우의
셀 3개, 즉 다음 그림에서 동그라미를 친 부분 중 하나에만 들어갈
수 있다.

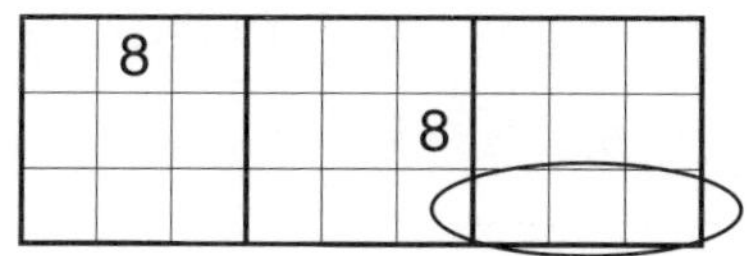

　빅 로우에서 같은 숫자를 2개 찾으면 그 숫자가 세 번째로 들어갈 수 있는 부분은 셀 3개로 범위를 좁힐 수 있다. 이때 해당 로우와 박스에 그 숫자가 이미 들어 있어서는 안 된다. 아래 그림의 동그라미는 세 번째 숫자가 들어갈 수 있는 위치를 표시한 것이다.

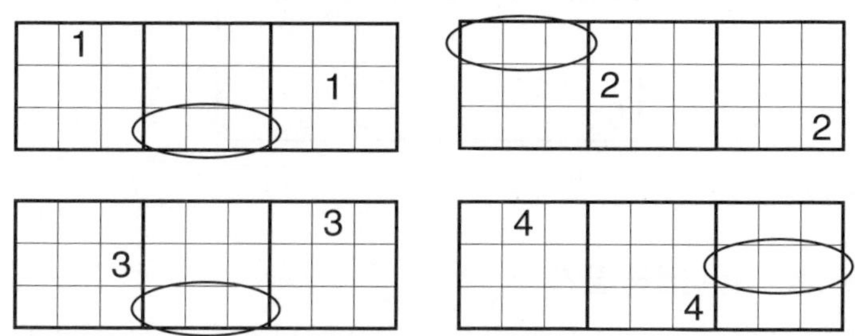

　이제 다른 숫자들을 몇 개 적어 넣고 어떻게 되는지를 보자. 아래의 빅 로우를 가지고 풀어보자.

세 번째 5는 다른 5와 같은 로우나 박스에 있어서는 안 된다는 규칙에 따라 가운데 박스의 가운데 로우에 들어가야 한다.

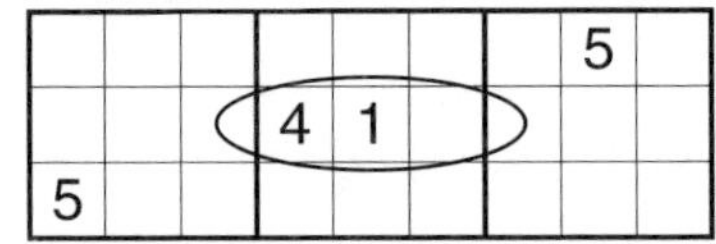

하지만 셀 3개 중 2개는 벌써 다른 숫자로 채워져 있으므로 5가 들어갈 곳은 남은 한 곳뿐이다. 따라서 셀26에 5가 들어가게 된다.

훑어보기를 이용해 풀기

〈예3〉에서 하나 찾기를 사용하여 숫자를 넣을 수 있는 셀 3개가 어느 것인지 재빨리 찾아내보자. 셀24에 3, 셀37에 9, 셀98에 6이 들어간다는 것을 알아내기까지 시간이 좀 걸릴 것이다. 여러분이 이를 알아내지 못했다고 가정해보자. 그리고 대신 빅 로우와 빅 컬럼에 2번씩 들어 있는 숫자를 찾아보자.(앞의 예들에서는 빅 로우를 사용했지만, 같은 숫자가 2번 사용되었다면 빅 컬럼에서도 똑같은 결과를 얻을 수 있다.)

빅 컬럼1을 확인해보자. 셀31과 셀62에 3이 2개 있다. 빅 컬럼에 들어가야 할 마지막 3은 박스7 중에서 컬럼3, 즉 셀73이나 셀

				5		1	2	
		9			2	6	7	8
3		2		1				
		8					3	1
	1						5	
2	3					8		
				6		4		9
9	6	7	4			5		
	2	1		8				

예3

83, 셀93 중 하나이다. 하지만 셀83과 셀93에는 이미 숫자가 들어 있으므로 3은 반드시 셀73에 들어가야 한다.

이제 빅 컬럼3을 보면 1이 2개 있는 것을 알 수 있다. 세 번째 1은 셀78이나 88, 98에 들어가야만 한다. 어느 셀인지 알 수 있겠는가? 셀 3개가 모두 비어 있지만 로우를 살펴보면 로우9에 이미 1이 있다는 것을 알 수 있다. 따라서 셀98에는 1이 들어갈 수 없고, 셀78이나 88에만 들어갈 수 있다. 하지만 불행하게도 더 이상 범위를 좁혀나갈 수는 없다. 그렇다면 어떻게 해야 할까? 그냥 추측으로? 절대로 그렇게 해서는 안 된다. 스도쿠를 풀 때는 절대 추측으로 숫자를 넣으면 안 된다. 숫자를 어디에 넣어야 할지 확신할 수 없다면 숫자를 넣지 말아야 하며, 그저 숫자가 들어갈 만한 곳이 없는지 살펴보기를 계속하라. 빅 컬럼3을 계속 살펴보자. 5가 2개 있고 마지막 하나는 셀19 또는 29, 39에 들어갈 수 있다. 하지만 셀29에는 벌써 8이 있으므로 가능성이 없다. 그렇다면 셀

19와 39만 남는데, 로우1과 로우3을 보면 로우1의 셀15에 벌써 5가 있음을 알 수 있다. 즉 셀19 또한 5가 들어갈 수 없으며, 결국 셀39에 마지막 5가 들어가야 한다.

빅 로우와 빅 컬럼에 숫자가 단 1개만 있다 하더라도 훑어보기로 문제를 풀 수 있다. 셀31의 3을 보자. 로우3을 훑어보면 셀37, 38, 39에는 3이 들어갈 수 없다는 것을 알 수 있다.(셀39에는 벌써 5를 넣었으며, 그러지 않았더라도 3은 그 자리에 들어갈 수 없다.) 셀17, 18, 27, 28, 29에는 모두 숫자가 채워져 있으며, 결국 셀19에 3이 들어가야 한다는 것을 충분히 확인할 수 있다.

가로로 훑어보기를 하여 숫자를 넣게 되면 세로에 들어갈 숫자에 대해서도 충분한 단서를 얻을 수 있으므로 이어서 세로 훑어보기를 할 수 있다.

셀19에 3을 채워 넣으면 빅 컬럼3에 3이 2개 들어가게 된다. 훑어보기를 해보면 마지막 3은 셀97에 들어가야 한다는 것을 알 수

				5		1	2	3
		9			2	6	7	8
3		2		1				5
		8					3	1
	1						5	
2	3					8		
		3		6		4		9
9	6	7	4			5		
	2	1		8				

예3-1

있다. 이렇게 3을 가지고 세로 훑어보기를 한 것처럼, 3을 또 어디에 넣어야 하는지 셀97을 가지고 가로 훑어보기를 해보자. 빅 로우3에는 3이 2개 있고(셀73, 셀97), 이는 마지막 3이 셀85나 86에 들어가야 함을 의미한다. 어떤 숫자가 들어갈지 확실하지 않다면 아무것도 넣지 않는 것이 좋다. 대신 다른 훑어보기 가능성을 찾아보자.

훑어보기를 하면서 숫자를 빠뜨리지 않는 가장 확실하고 간단한 방법은 1부터 9까지 차례대로 해보는 것이다. 빅 로우에 1이 2개 있다. 셀23에는 숫자가 이미 있고, 셀22는 셀52에 이미 1이 있어 들어갈 수 없으므로, 세 번째 1은 셀21에 들어가야 한다. 훑어보기로 1이 들어갈 자리를 더 이상 정할 수 없으므로, 이제 2를 살펴보자.

2를 훑어보기해보면 박스9에 대한 정보를 알 수 있다. 셀92에 2가 있으므로 셀98과 99에는 2가 오지 못한다.(셀97에는 이미 3이 있다.) 또한 셀18에도 2가 있어서 셀78, 88, 98에 2가 오지 못한다. 즉, 박스9에서 2가 들어갈 수 있는 셀은 셀89뿐이다.

이제 셀89에 2를 집어넣은 다음 빅 로우3을 전체적으로 훑어보기를 하면 마지막 2가 빅 로우의 셀74에 들어가야 한다는 결론을 얻게 된다. 셀26에 2가 이미 있으므로 같은 컬럼에 위치한 셀76에는 들어갈 수 없기 때문이다. 이제 2가 없는 곳은 박스5와 6뿐이지만 아직은 어느 곳에 넣어야 할지 알 수 없다.

지금까지 풀이한 답은 다음과 같다.

				5		1	2	3
1		9			2	6	7	8
3		2	1					5
		8					3	1
	1						5	
2	3					8		
		3	2	6		4		9
9	6	7	4			5		2
	2	1		8		3		

예3-2

3을 넣을 수 있는 곳은 아무 데도 없으므로 4를 가지고 문제를
계속 풀어보자. 4가 들어 있는 곳은 셀77과 셀84뿐이지만, 이 2개
로 충분하다. 빅 로우3을 훑어보면 세 번째 4는 셀91에 들어가야
한다는 것을 알 수 있다. 빅 컬럼3을 훑어보면 셀37에는 4가 올 수
없기 때문에, 4가 들어갈 곳은 셀38이 된다. 여기까지 풀이를 보자.

				5		1	2	3
1		9			2	6	7	8
3		2	1				4	5
		8					3	1
	1						5	
2	3					8		
		3	2	6		4		9
9	6	7	4			5		2
4	2	1		8		3		

예3-3

훑어보기 연습을 많이 했다고 해서 하나 찾기에 대해 잊어버리라는 것은 아니다. 이제 박스3이 숫자 8개로 채워졌으므로 빈칸에는 반드시 9가 들어가야 한다.

다시 훑어보기로 돌아가서 5를 살펴보자. 빅 로우1의 셀15와 39에 5가 있으므로 셀22에 5가 들어가게 된다. 5를 넣기 위해 가로로 훑어보기를 했으니 이제 세로로도 살펴보자. 실제로 그럴 필요가 있다. 셀22의 5를 가지고 세로로 훑어보면, 셀72에는 5가 들어가지 못하므로 셀71에 5가 들어가게 된다. 이제 박스7은 1개만 빼고 숫자가 모두 채워졌으므로 마지막 셀72는 8이 되어야 한다. 셀71에 5를 채워 넣으면, 빅 컬럼1에 두 번째 5가 들어가게 되므로 이제부터는 훑어보기를 충분히 사용할 수 있다. 셀58에 5가 있어 셀53에 5를 넣지 못하므로 셀63에 5가 들어가게 된다. 이제 5에 대한 풀이가 끝났다. 여기까지의 풀이는 다음과 같다.

				5		1	2	3
1	5	9			2	6	7	8
3		2		1			4	5
		8					3	1
	1						5	
2	3	5				8		
5	8	3	2	6		4		9
9	6	7	4			5		2
4	2	1		8		3		

예3-4

　6은 훑어보기를 할 필요가 전혀 없으므로 7로 넘어가자. 셀28에 7이 있으므로 박스9의 컬럼8에는 7이 오지 못한다. 따라서 7이 들어갈 곳은 셀99뿐이다. 이제 빅 로우3을 훑어보면 셀76에 7이 들어간다는 것을 알 수 있다. 이 7은 로우7의 여덟 번째 숫자이므로 하나 찾기를 통해 셀78은 1이 된다. 1을 넣은 뒤에는 그것이 다른 셀을 채워 넣는 데 도움이 되는지 훑어보기를 해보자. 빅 로우3을 보면 셀86에 1이 들어가야 한다. 이것은 이 스도쿠에 들어간 여덟 번째 1이다. 즉, 8개의 로우와 8개의 컬럼, 8개의 박스에 1이 들어가 있는 것이다. 이처럼 8개가 다 들어가 있다면 간단하게 로우와 컬럼에서 빠진 부분을 찾아 숫자를 넣을 수 있다. 당연히 박스에서도 마찬가지다. 이 경우 셀64에 마지막 1이 들어가야 한다. 1을 9개 모두 채워 넣었고 이제 1에 대해서는 더 이상 생각할 필요가 없어졌다. 나는 스도쿠를 풀면서 1~9 중 마지막으로 남은 숫자를 넣을 때가 좋다. 정확하게 하기 위해 이미 채워진 숫자에 대해 고민하며 시간을 낭비하지 않아도 되기 때문이다. 여기까지 풀이를 보자.

				5		1	2	3
1	5	9			2	6	7	8
3		2		1		9	4	5
		8					3	1
	1						5	
2	3	5	1			8		
5	8	3	2	6	7	4	1	9
9	6	7	4		1	5		2
4	2	1		8		3		7

예3-5

훑어보기로 돌아가서, 이제 8을 보자. 빅 로우3에서 마지막 8은 셀88에 들어가야 한다. 이제 박스9에 숫자 1개만이 비게 된다. 바로 6이다. 셀98에 6을 넣자. 이제 컬럼8에 숫자 1개만 넣으면 되는데, 셀68에 9를 넣으면 된다. 셀88의 8이 로우8을 거의 완성시켜 3만 빠져 있으므로 셀85에 넣는다. 8을 계속 훑어보면 빅 컬럼1의 셀11에 8이 들어가야 한다. 이로써 8에 대한 훑어보기도 끝이 났다. 이제 9로 넘어가서 빅 컬럼1을 훑어보기하여 셀42에 9를 넣자.

9까지 하고 나면 더 이상 할 수 있는 방법이 없다. 훑어보기로 문제를 끝까지 다 풀 수 있을까? 가끔은 그럴 수도 있다. 우리가 채워 넣은 숫자들을 살펴보면, 전에는 알아내지 못했던 숫자들을 훑어보기를 통해 찾아냈다. 전체를 훑어보면서 어떤 숫자가 됐건 눈에 띄는 것을 찾아내고 그 숫자들에 지금까지 설명한 방법들을 적용해 답을 알아낼 수 있을 것이다.

다시 2로 돌아가자. 1은 왜 건너뛰는지 궁금할지도 모르지만, 우리는 이미 1을 모두 채워 넣었기 때문에 더 이상 생각할 필요가 없다. 1에 대해 생각하는 것은 시간 낭비일 뿐이다. 바로 2로 넘어가서 지금까지 풀어놓은 것을 보자.

8				5		1	2	3
1	5	9			2	6	7	8
3		2		1		9	4	5
	9	8					3	1
	1						5	
2	3	5	1			8	9	
5	8	3	2	6	7	4	1	9
9	6	7	4	3	1	5	8	2
4	2	1		8		3	6	7

예3-6

위 그림을 보면 박스5와 6에 모두 2가 빠져 있다. 하지만 훑어보기를 사용해봐도 어느 자리에 2가 들어가야 할지 알 수 없으므로 3으로 넘어가자. 빅 로우1을 훑어보면 셀24에 3이 들어가며, 이것이 여덟 번째 3임을 알 수 있다. 마지막 3은 셀56에 들어간다. 이로써 3에 대해서도 더 이상 생각할 필요가 없으므로 1~9의 숫자에서 3 또한 지워버리자. 셀24의 3은 해당 로우의 여덟 번째 숫자이다. 아홉 번째 숫자는 셀25에 4를 넣어 채운다. 빅 컬럼1을 훑어보면 4를 딱 1개 볼 수 있다. 셀91에 4가 있으므로 셀41과 51에는 4가 들어갈 수 없으며, 박스4의 셀53이 4가 들어갈 수 있는 유일한 셀이 된다. 이제 빅 로우1에 4가 2개 들어가 있으므로 세 번째 4는 셀12에 들어가야 한다. 셀53과 77에 있는 4를 기준으로 한 번에 두 방향으로 훑어보면 박스6의 셀69에 4가 들어가야 함을 알 수 있다. 여덟 번째 4가 채워졌으므로 마지막 4는 셀46에 들어간다. 4 또한 9개가 다 채워졌으므로 더 이상 생각하지 않아도 된다. 이제 5로 넘어가야 하지만, 컬럼2가 한 칸만 비어 있으므로 셀32에 7을, 셀13에 6을 집어넣어 컬럼 3을 모두 채운다. 그리고 컬럼9에는 6만 빠져 있으므로 채워 넣는다. 빅 로우2에는 5가 2개 있으며, 마지막 5는 셀44에 들어가야 한다. 이제 5가 들어갈 곳은 단 한 곳뿐이다. 셀96에 5를 집어넣고 5도 목록에서 지워버린다. 이제 로우9와 박스8에 1개의 숫자만 빠졌으므로, 하나 찾기를 이용해 셀94에 9를 넣는다. 풀이가 거의 끝나간다. 다음을 살펴보자.

8	4	6		5		1	2	3
1	5	9	3	4	2	6	7	8
3	7	2		1		9	4	5
	9	8	5		4		3	1
	1	4			3		5	6
2	3	5	1			8	9	4
5	8	3	2	6	7	4	1	9
9	6	7	4	3	1	5	8	2
4	2	1	9	8	5	3	6	7

예3-7

6을 다시 한번 훑어보면, 빅 로우2의 셀41에 6을 넣을 수 있다. 그런 다음 빅 로우2를 다시 훑어보면 셀66에 6이 들어가며, 따라서 아홉 번째 6이 셀34에 들어간다. 로우3과 6, 컬럼1은 숫자 1개만을 남겨두고 모두 채워졌으므로, 셀51에 7, 셀65에 7, 셀36에 8을 넣는다. 컬럼6의 빈칸이 하나뿐이므로 셀16에 9를 넣고, 셀14에 7을 넣는다. 그리고 컬럼4의 빈칸 셀54에 8을 넣는다. 이제 아래와 같이 셀45, 47, 55, 57을 제외하고 모두 채워졌다.

8	4	6	7	5	9	1	2	3
1	5	9	3	4	2	6	7	8
3	7	2	6	1	8	9	4	5
6	9	8	5		4		3	1
7	1	4	8		3		5	6
2	3	5	1	7	6	8	9	4
5	8	3	2	6	7	4	1	9
9	6	7	4	3	1	5	8	2
4	2	1	9	8	5	3	6	7

예3-8

다시 7을 살펴보면 7이 하나만 빠져 있다. 로우, 컬럼, 박스 8곳에는 7이 들어 있다. 셀47에 7을 집어넣고, 셀45와 57에 2를 집어넣는다. 이제 한 곳 남았다. 로우5, 컬럼5, 박스5에 모두 9가 빠져 있으므로, 9를 채워 넣으면 풀이가 끝난다.

8	4	6	7	5	9	1	2	3
1	5	9	3	4	2	6	7	8
3	7	2	6	1	8	9	4	5
6	9	8	5	2	4	7	3	1
7	1	4	8	9	3	2	5	6
2	3	5	1	7	6	8	9	4
5	8	3	2	6	7	4	1	9
9	6	7	4	3	1	5	8	2
4	2	1	9	8	5	3	6	7

예3 정답

숫자를 신중하게 세자!

17쪽으로 돌아가보자. 첫머리에 나온 한 줄짜리 스도쿠에서 어떤 숫자가 빠져 있는지 어떻게 알아냈는가? 혼잣말로 "1은 있고, 2도 있고, 3도 있는데, 4는 없으니까 4가 맞아!"라고 중얼거리고는 즉시 끝내버리지는 않았는가? 대부분 이런 식으로 스도쿠를 풀게 마련이다. 하지만 5, 6, 7, 8, 9가 그 줄 어느 곳에 위치해 있는지 다시 한번 살펴보는 것이 대단히 중요하다. 이렇게 함으로써 빠진 숫자를 찾아낼 수 있으며, 실제로는 4가 그 줄에 이미 들어가 있음을 알아차릴 수도 있다.

아주 잠깐이지만 조금만 신중해지면 틀린 숫자를 집어넣는 일을 막을 수 있고, 절대로 실수하지 않는 것이 결국은 시간을 절약하는 길이다. 숫자를 신중하게 세자!

013

4						9		
	1			3	9			
	9			4			7	8
8		1	3			6		
			2		4			
		4			8	1		3
6	8			2			9	
			8	9			3	
		3						5

014

	9	2						3
		3	4					
				3		1	4	8
	6		2	5		3	8	
				8				
	3	5		6	4		9	
5	2	1		9				
					7	9		
9						5	3	

015

	1	8	3			2		
5		6	1					
2				9			8	
7			9		5			
	9			6			5	
			8		4			2
	7			3				9
					2	8		7
		1			9	3	6	

016

				9	4			1
	1	5				3		9
8	3	9						
		6	9				3	
			8	4	6			
	7				1	6		
						7	4	8
3		4				2	9	
5			4	8				

017

	1		5				6	
		6		7		3		9
			8		6			4
		9	3	8				
	3						4	
				9	7	6		
8			4		3			
3		4		5		1		
	9				1		3	

018

		2	6			4	1	
1				8				6
	8	7	2					4
						6	5	
	6		3		5		7	
	2	1						
9					8	5	6	
2				3				8
		8	1		7	2		

019

	3		5					
6				1	2		4	9
		9			4		8	
		4						3
5			1	2	3			4
3						5		
	4		3			9		
1	5		4	7				2
					8		1	

020

6		1		3	9	7		
3		5		1				
					4			5
7					5			
	6						7	
			7					6
4			1					
				7		5		8
		7	8	9		1		3

021

3							4	
6	1		3					7
	9		8			1		
			2				5	
		3	4		7	2		
	2				6			
		4			2		8	
5					4		7	2
	3							6

022

		1	9		5			
	3	5	6					2
		9		2				
8	2	3						
1			2	5	7			6
						4	2	1
				8		1		
5					2	9	3	
			4		3	2		

023

		1					5	
6				5	1			
		7			4	1	3	
					7		8	
5		8		6		7		3
	1		3					
	4	6	2			3		
			4	3				9
	9					4		

024

		8	9	2			7	4
9								1
			1				5	
	9			5		4		
		5				8		
		4		6			1	
	7				9			
4								8
5	6			4	7	3		

제거하기

스도쿠의 세 가지 기본적인 유형 중 두 가지, 즉 하나 찾기와 훑어보기를 살펴보았다. 이제 세 번째 유형인 제거하기를 배울 차례이다.
　다음 문제를 보자.

			1			2		
	4	8			2			
			8	3	9			5
9		6				8		
4								6
		7				5		1
6			9	5	4			
			3			7	5	
		2			1			

예4

이 문제는 먼저 훑어보기를 이용해 풀 수 있다.

- 빅 로우3과 빅 컬럼2에서 2를 훑어보기해보면 셀85는 2이다.
- 빅 컬럼1과 빅 로우3에서 4를 훑어보기해보면 셀83은 4이다.

- 빅 로우1과 빅 컬럼2에서 4를 훑어보기해보면 셀15는 4이다.

이제부터는 훑어보기가 더 이상 도움이 되지 않는다. 따라서 하나 찾기를 이용해 답을 찾아야 한다. 하나의 셀에 단 1개의 숫자만 들어가는 것을 찾는 것이다.

- 셀33에 1.

셀33에 1을 넣고 나면 또 하나를 찾을 수 있다.

- 셀73에 3.

이제 더 많은 셀을 하나 찾기로 찾을 수 있다.

- 셀53에 5.
- 셀77에 1.
- 셀13에 9.
- 빅 로우1에서 1을 훑어보기해보면 셀28에는 1이 들어간다.

이제 어떻게 해야 할까? 셀들을 전부 살펴보아도 하나 찾기를 사용할 수 있는 셀을 찾아낼 수 없을 것이다. 또한 아무리 훑어보기를 해보아도 숫자를 찾아 넣는 것은 불가능하다. 이 문제를 끝내려면 제거하기에 대해 배울 필요가 있다. 지금까지 풀이를 보자.

		9	1	4		2		
	4	8			2		1	
		1	8	3	9			5
9		6				8		
4		5						6
		7				5		1
6		3	9	5	4	1		
		4	3	2		7	5	
		2			1			

예4-1

모든 후보숫자를 전부 적어 넣을 필요는 없지만, 확실하게 하기 위해 가능한 후보숫자를 각 셀에 모두 적어보자. 그러면 다음과 같이 된다.

357	3567	9	1	4	567	2	3678	378
357	4	8	567	67	2	369	1	379
27	267	1	8	3	9	46	467	5
9	123	6	2457	17	357	8	2347	2347
4	1238	5	27	1789	378	39	2379	6
238	238	7	246	689	368	5	2349	1
6	78	3	9	5	4	1	28	28
18	189	4	3	2	68	7	5	89
578	5789	2	67	678	1	3469	34689	3489

예4-2

로우7을 보자. 그 줄 어딘가에는 7이 꼭 들어가야 한다. 빈칸은 셀72, 78, 79뿐이다. 하지만 셀78과 79에는 들어갈 수 없기 때문에 셀72에만 들어갈 수 있다. 한 로우(또는 컬럼)에서 특정 숫자가 들어갈 가능성이 있는 셀 하나만 빼고 모두 배제하는 것이 제거하기의 원칙이다. 단 한 곳에만 들어갈 수 있는 확실한 숫자를 가지고 있는 로우(또는 컬럼)를 찾아보자. 그리고 자신 있게 그 숫자를 채워 넣자.(박스에서는 훑어보기가 바로 제거하기다.)

로우8에서 빈칸 4개 중 하나에는 6이 들어갈 수 있는데 제거하기를 통해 살펴보면 셀86에 들어가야 한다. 또한 컬럼1의 빈칸 6개 중 하나에는 1이 들어갈 수 있으며, 셀81에 1이 들어감을 알 수 있다. 지금까지의 풀이는 〈예4-3〉과 같다.

357	356	9	1	4	57	2	3678	378
357	4	8	567	67	2	369	1	379
27	26	1	8	3	9	46	467	5
9	123	6	2457	17	357	8	2347	2347
4	1238	5	27	1789	378	39	2379	6
238	238	7	246	689	38	5	2349	1
6	7	3	9	5	4	1	28	28
1	89	4	3	2	6	7	5	89
58	589	2	7	78	1	3469	34689	3489

예4-3

이제 하나 찾기와 훑어보기를 사용해 문제를 더 풀어보자.

- 셀94에는 7만 들어갈 수 있다.

- 7이 들어가면, 셀54에 들어갈 수 있는 것은 2뿐이다.

- 셀94에 7이 있으므로 셀95는 8이 된다.

- 셀95에 8이 있으므로 셀91은 5가 된다.

- 셀91에 5가 있으므로 셀92는 9가 된다.

- 셀92에 9가 있으므로 셀82는 8이 된다.

- 셀82에 8이 있으므로 셀89는 9가 된다.

제거하기를 이용해 셀 3개를 채울 수 있었고, 다시 하나 찾기로 셀을 몇 개 더 채울 수 있었다. 제거하기를 이용했기 때문에 가능한 일이었다.

하나 찾기로 셀을 채운 후의 모습은 다음과 같다.

37	356	9	1	4	57	2	3678	378
37	4	8	56	67	2	369	1	37
27	26	1	8	3	9	46	467	5
9	123	6	45	17	357	8	2347	2347
4	13	5	2	179	378	39	379	6
238	23	7	46	69	38	5	2349	1
6	7	3	9	5	4	1	28	28
1	8	4	3	2	6	7	5	9
5	9	2	7	8	1	346	346	34

예4-4

이제부터 하나 찾기는 쓸 수 없지만, 훑어보기를 이용하면 계속 할 수 있다.

- 빅 컬럼1에서 5를 훑어보기하여 셀12에 5를 넣는다.
- 셀12에 5를 넣은 다음, 빅 로우1에서 5를 훑어보기하면 셀24에 5가 들어간다.
- 이제 빅 컬럼2에서 5를 훑어보기하면 셀46에 5가 들어가며, 이로써 5는 끝이 난다.
- 빅 컬럼1에서 6을 훑어보기하여 셀32에 6을 넣는다.
- 빅 컬럼2에서 6을 훑어보기하여 셀25에 6을 넣는다.
- 이렇게 6을 2번 집어넣고 나면, 빅 로우1의 6을 훑어보기하여 셀18에 6을 넣을 수 있다.
- 이렇게 6을 집어넣고 빅 컬럼3을 훑어보기하면 셀97에 6이 들어간다.
- 6이 8개 채워졌으므로 마지막 6은 셀64에 들어간다.

지금까지의 풀이는 다음과 같다.

37	5	9	1	4	7	2	6	378
37	4	8	5	6	2	39	1	37
27	6	1	8	3	9	4	47	5
9	123	6	4	17	5	8	2347	2347
4	13	5	2	179	378	39	379	6
238	23	7	6	9	38	5	2349	1
6	7	3	9	5	4	1	28	28
1	8	4	3	2	6	7	5	9
5	9	2	7	8	1	6	34	34

예4-5

이제 하나 찾기를 사용해 스도쿠를 끝낼 수 있다.

• 셀16은 7, 셀37은 4, 셀44는 4, 셀65는 9.

이 숫자들을 모두 넣은 다음, 다시 하나 찾기를 해보자.

• 셀11은 3, 셀38은 7.

이렇게 넣고 나면, 몇 개를 더 찾을 수 있다.

• 셀19는 8, 셀21은 7, 셀29는 3, 셀31은 2.

이렇게 숫자 4개를 적어 넣고 나면, 하나 찾기로 문제를 계속 풀어나갈 수 있다.

- 셀27은 9, 셀61은 8, 셀79는 2, 셀99는 4.

이제 거의 끝났다. 하나 찾기를 이용하면 5개를 더 채울 수 있다.

- 셀49는 7, 셀57은 3, 셀66은 3, 셀78은 8, 셀98은 3.

앞으로 두 단계만 남았다. 하나 찾기로 6개를 더 채울 수 있다.

- 셀45는 1, 셀48은 2, 셀52는 1, 셀56은 8, 셀58은 9, 셀62는 2.

이제 3개만 채우면 된다. 이것도 모두 하나 찾기로 풀 수 있다.

- 셀42는 3, 셀55는 7, 셀68은 4.

3	5	9	1	4	7	2	6	8
7	4	8	5	6	2	9	1	3
2	6	1	8	3	9	4	7	5
9	3	6	4	1	5	8	2	7
4	1	5	2	7	8	3	9	6
8	2	7	6	9	3	5	4	1
6	7	3	9	5	4	1	8	2
1	8	4	3	2	6	7	5	9
5	9	2	7	8	1	6	3	4

예4 정답

지금까지 기본적인 스도쿠 해법을 알아보았다. '하나 찾기' '훑어보기' '제거하기'만 잘 익힌다면 초급 수준의 문제는 손쉽게 풀 수 있을 것이다. 그럼 한 문제만 더 단계별로 차근차근 풀어보자. 이 문제를 풀고 난 다음부터는 간단한 단계는 건너뛰고 여러분 스스로 풀어보게 할 것이다. 그럼, 시작해보자.

7		2					3	4
			3			2	9	8
		3			4			
9	4			7	6			
8								6
			8	2			4	7
			4			6		
6	7	4			2			
5	3					4		2

예5

이 문제에서 가장 재미있는 점은 1이 하나도 제시되어 있지 않다는 것이다. 하지만 셀31에 다른 숫자는 들어갈 수 없으므로 반드시 1이 되어야 한다는 것을 알 수 있다. 그 셀에 1을 넣은 다음, 빅 로우1을 훑어보기해보면 셀17에도 1이 들어감을 알 수 있다. 이렇게 처음 시작할 때는 1이 없었지만 문제를 풀자마자 벌써 2개나 채울 수 있었다.

하지만 이처럼 하나 찾기로 문제를 풀기 시작하는 것이 일반적인 방법은 아니다. 시작 지점을 찾아내기가 매우 어렵기 때문이다.

그러므로 지금 단계에서 이 방법은 무시하자.(하지만 다음에 유용하게 사용할 수 있으므로 기억하고 있길 바란다.) 그리고 일반적인 방법인 훑어보기로 문제를 처음부터 다시 풀어보자.

- 빅 로우1에서 2를 훑어보기하여 셀34에 2를 넣는다.
- 빅 로우2와 빅 컬럼1을 훑어보기하여 셀52에 2를 넣는다.
- 빅 컬럼1을 다시 훑어보기하여 셀71에 2를 넣는다.
- 빅 로우2를 훑어보기하여 셀48에 마지막 2를 넣는다.
- 빅 컬럼1에서 3을 훑어보기하여 셀61에 3을 넣는다.
- 빅 컬럼1에서 4를 훑어보기하여 셀21에 4를 넣는다.
- 빅 컬럼2를 훑어보기하면 마지막 4가 셀55에 들어간다.
- 이제 컬럼1에 숫자 8개가 채워졌으므로, 셀31에 하나 찾기를 해보자. 셀31에 들어갈 숫자는 1이 된다.
- 방금 채워 넣은 1로 빅 로우1을 훑어보기하면 셀17에 1이 들어간다.
- 빅 컬럼3에서 6을 훑어보기하면 셀38이 6이 된다.
- 빅 로우2에서 7을 훑어보기하면 셀53이 7이 된다.
- 계속해서 7을 보면, 셀69에 있는 7로 빅 컬럼3을 훑어보기하여 셀37에 7을 넣을 수 있다.
- 박스3은 숫자 8개가 채워졌으므로 하나 찾기로 셀39에 5를 넣는다.
- 빅 로우1에서 7을 훑어보기하고 나면 곧 7을 끝내게 될 것이다. 셀26에 7을 넣자.
- 그 7로 다시 빅 컬럼2를 훑어보기하면 셀94에 7을 넣을 수 있다.
- 7이 8개 채워졌고, 마지막으로 셀78에 7이 들어가게 된다.

- 빅 로우2에서 8을 훑어보기하여 셀47에 8을 얻을 수 있다.
- 다시 1로 돌아가서, 빅 로우1에 1이 2개 있으므로 이것을 훑어보기하여 셀25에 1을 넣을 수 있다.
- 셀61의 3을 가로로, 셀24의 3을 세로로 훑어보기하면 박스5의 셀56에 3이 들어간다.
- 셀56에 3을 채워 넣은 다음 빅 로우2를 훑어보기하면 셀49에 3을 넣을 수 있다.
- 방금 넣은 3과 셀18의 3으로 훑어보기를 하면 셀87에 3을 넣을 수 있다.
- 이제 3은 하나만 남았다. 3이 없는 가로줄은 로우7뿐이며, 3이 없는 세로줄은 컬럼5뿐이다. 그러므로 셀75에 3이 들어가게 된다.

이렇게 되면 〈예5-1〉과 같은 모양이 된다. 훑어보기와 하나 찾기를 가지고 문제를 끝낼 수도 있지만, 제거하기로 해결해보자. 스

7		2				1	3	4
4			3	1	7	2	9	8
1		3	2		4	7	6	5
9	4			7	6	8	2	3
8	2	7		4	3			6
3			8	2			4	7
2			4	3		6	7	
6	7	4			2	3		
5	3		7			4		2

예5-1

도쿠를 푸는 데에는 한 가지 이상의 방법이 있으며, 어떤 방법을 사용해야 하는지는 정해져 있지 않다. 단, 이 셀에 들어갈 숫자가 정확하다는 확신이 들 때에만 집어넣어야 한다. 훑어보기를 하든, 하나 찾기를 하든, 제거하기를 하든 전혀 상관없다. 그 숫자가 정확하다는 확신만 있으면 된다. 그렇지 않으면 절대 넣어서는 안 된다.

이제 빅 로우3에서 6을 훑어보기하여 셀95에 들어갈 숫자를 결정할 수 있다. 하지만 로우9에서 제거하기를 이용해 알아내는 방법도 있다. 로우9에서 6은 어디에 들어가야 할까? 박스7의 셀81에 벌써 6이 있기 때문에 셀93에는 들어갈 수 없다. 컬럼6에도 셀46에 6이 들어 있기 때문에 셀96도 불가능하다. 또한 셀38에도 6이 있기 때문에 셀98에 들어가서도 안 된다. 따라서 6이 들어갈 수 있는 곳은 단 하나, 즉 셀95뿐이다.

박스6에서 제거하기를 해보자. 1은 어디에 넣어야 할까? 컬럼7의 셀17에 이미 1이 있으므로 셀57과 67에는 들어갈 수 없다. 그러면 셀58만이 남는다. 지금까지 살펴본 것과 같이 박스에서는 제거하기가 훑어보기와 같다. 빅 컬럼3에서 1을 훑어보기해보아도 셀58에 1이 들어간다는 동일한 결론을 얻을 수 있다.

이제 컬럼8을 보자. 위에서 1을 찾았으므로 빈칸이 2개 남아 있고, 5와 8이 빠져 있다. 어떤 숫자가 어디에 들어가야 할까? 5와 8 중 하나가 들어갈 가능성이 있는 로우8과 9를 보자. 5는 셀91에 이미 있으므로 셀98에는 들어갈 수 없다. 따라서 5는 셀88에, 8은 셀98에 들어가야 한다. 이것은 셀98에 대해 하나 찾기를 하는 것과 똑같은 방법이다. 컬럼8에는 1, 2, 3, 4, 6, 7, 9 중 어떤 숫자도 들어갈 수 없고 셀91 때문에 5도 들어갈 수 없으므로 셀98은 8이 될 수밖에 없다.

셀85는 두 가지 가능성(8 또는 9)을 가지고 있다. 이때 셀98은 8을 훑어보기해보아도 어떤 숫자가 들어갈지 확신할 수 없지만, 제거하기를 이용하면 셀85에 8이 들어감을 알 수 있다. 로우8로 해보아도 마찬가지다. 로우8의 나머지 두 빈칸(셀84, 89)을 보면 세로줄에 벌써 8이 있으므로 8이 들어갈 곳은 셀85뿐이다. 이제 하나 찾기로 스도쿠를 끝낼 수 있다.

- 셀35는 9, 셀15는 5, 셀16은 8, 셀14는 6, 셀12는 9, 셀32는 8.
- 셀72는 1, 셀79는 9, 셀89는 1, 셀84는 9, 셀96은 1, 셀93은 9.
- 셀73은 8, 셀76은 5, 셀66은 9, 셀67은 5, 셀57은 9, 셀54는 5.
- 셀44는 1, 셀43은 5, 셀23은 6, 셀22는 5, 셀62는 6, 셀63은 1.

7	9	2	6	5	8	1	3	4
4	5	6	3	1	7	2	9	8
1	8	3	2	9	4	7	6	5
9	4	5	1	7	6	8	2	3
8	2	7	5	4	3	9	1	6
3	6	1	8	2	9	5	4	7
2	1	8	4	3	5	6	7	9
6	7	4	9	8	2	3	5	1
5	3	9	7	6	1	4	8	2

예5 정답

최초의 스도쿠는 어떤 모습이었나?

《델 펜슬 퍼즐 & 워드게임》1979년 5월호에서 최초로 소개되었던 스도쿠 형태의 퍼즐 '숫자 넣기(Number Place)'를 소개한다. 정답은 87쪽에 있다.

이 퍼즐에서는 각각의 세로줄과 가로줄 그리고 9개의 박스로 이루어진 큰 사각형의 모든 빈칸에 1부터 9까지의 숫자를 넣어야 한다. 가로줄과 세로줄, 박스 9개에는 반드시 숫자가 한 번씩만 들어가야 하며, 이것이 문제를 푸는 단서가 될 것이다. 동그라미로 표시된 부분부터 아래의 원 안에 적힌 숫자를 각각 집어넣어보자.(숫자의 순서는 상관없다.)

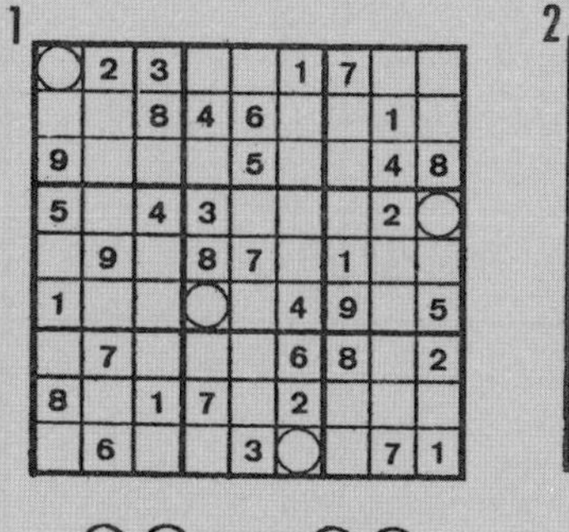

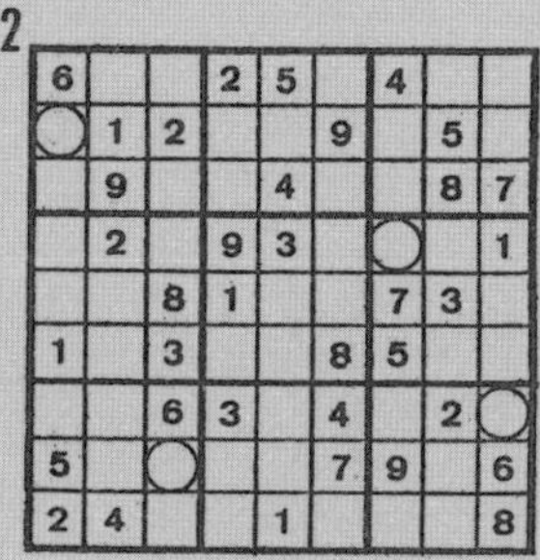

025

			2	7			6	
	2			9	6			8
	9				4			
1	4		7					5
		2				1		
7					5		9	6
			4				5	
6			9	3			2	
	7			5	2			

026

				3	2	4		
9		5					6	
6					4			
	1		9					
	2	9		8		1	5	
					5		8	
			8					3
	5					6		9
		1	2	5				

027

	2							4
1			2		8			
				3	1		2	
5		2						9
	9	3				4	7	
4						1		5
	6		7	4				
			3		2			7
3							4	

028

	9							
		3	5		1		8	
5			6	9		4		
3	1	6				5		2
				2				
2		8				1	9	7
		1		6	3			8
	6		8		2	3		
							2	

029

			5	2	3	7	1	
2		3			7	9		
						5		
	4			5	9	8		
		9	3	8			5	
		4						
		5	9			1		2
	6	7	2	1	5			

030

4				2			6	
	1			3		8		9
					7		5	
	7		6			1		
			9		2			
		8			4		9	
	4		7					
7		6		5			1	
	5			9				4

031

		8				5	4	
		5	2		4			8
9				5	6			
	4				1			2
7								6
8			7				5	
			4	1				3
4			6		2	8		
	1	2				6		

032

7								
9					3	6	5	
		4	9	1	2	8		
2					9			
	9	1		3		2	4	
			2					5
		7	1	2	8	3		
	8	9	4					1
								7

033

8	9		4			6		2
		7	2			9	3	
				3				4
				2		3		
7								5
		4		7				
9				8				
	7	8			9	4		
6		2			5		9	7

034

						6	9	
			9	1		8		
				6		2		4
3					1		2	
		5	3		7	9		
	1		6					3
1		3		7				
		6		2	4			
	2	8						

035

8					4	1			
2	4	6			3			8	
2			5					7	
3	2				4				
		8	3		7	6			
			1				8	3	
	5				3			8	
		7		5		2	1		
			6	1				7	

036

7	3		1		5			
		4		3				2
8								
			9			3		
		7	5	1	4	6		
		6			7			
								7
9				7		8		
			8		2		3	9

▮짝 맞추기

이제 하나 찾기와 훑어보기, 제거하기를 이해했으니 더 복잡한 문제도 풀 준비가 되었을 것이다. 다음 예제를 풀어보자.

2개짜리 짝

여기에서는 앞에서 다룬 방법만으로도 꽤 풀 수 있지만, 결국은 막히고 만다. 문제를 좀 더 풀어나가기 위해서는 각각의 셀에 들어갈 수 있는 모든 후보숫자를 적어볼 필요가 있다. 다음은 기본적

		4		8			1	
8	6			5				
			4		1		6	5
6	5						3	
3								2
	4						8	9
9	3		8		7			
				1			2	7
	1			6		5		

예6

인 풀이법만으로는 더 이상 풀리지 않는 상태에서 후보숫자들을
적어놓은 것이다.

5	279	4	2679	8	269	29	1	3
8	6	1	29	5	3	29	7	4
27	279	3	4	79	1	8	6	5
6	5	2789	279	479	289	47	3	1
3	79	789	1	479	689	467	5	2
1	4	27	2567	3	256	67	8	9
9	3	5	8	2	7	1	4	6
4	8	3	59	1	59	3	2	7
27	1	27	3	6	4	5	9	8

예6-1

셀63과 93을 보자. 둘 다 2 또는 7이 들어갈 수 있다. 어느 셀이
2이고 어느 셀이 7인지는 모르지만, 한 곳에는 2가 다른 한 곳에
는 7이 들어가야 한다는 것만은 확실하다. 즉 컬럼3에 있는 이 두
셀에 2와 7이 들어가야 하므로 컬럼3의 다른 셀에는 2나 7이 들
어갈 수 없다. 따라서 셀43과 53의 후보숫자들 중에서 2와 7을 없
앨 수 있다.

한편, 셀43에 만약 2가 들어간다면 셀63과 93 둘 다 7이 되어
야 한다. 하지만 같은 숫자가 두 번 들어가는 일은 불가능하므로
셀43에는 2가 들어갈 수 없다. 마찬가지 이유로 셀43과 53에도 7
이 들어갈 수 없다. 그러므로 셀43과 53에서 2와 7을 제거할 수
있다.

5	279	4	2679	8	269	29	1	3
8	6	1	29	5	3	29	7	4
27	279	3	4	79	1	8	6	5
6	5	89	279	479	289	47	3	1
3	79	89	1	479	689	467	5	2
1	4	27	2567	3	256	67	8	9
9	3	5	8	2	7	1	4	6
4	8	6	59	1	59	3	2	7
27	1	27	3	6	4	5	9	8

예6-2

이제 박스4를 보자. 제거하기를 사용하여 2가 들어갈 수 있는 단 한 곳, 즉 셀63에 2를 넣는다. 이제부터는 남은 부분들을 기본적인 해법으로 풀어나갈 수 있다.

5	9	4	7	8	6	2	1	3
8	6	1	2	5	3	9	7	4
7	2	3	4	9	1	8	6	5
6	5	8	9	7	2	4	3	1
3	7	9	1	4	8	6	5	2
1	4	2	6	3	5	7	8	9
9	3	5	8	2	7	1	4	6
4	8	6	5	1	9	3	2	7
2	1	7	3	6	4	5	9	8

예6 정답

3개짜리 짝

2개짜리 짝의 원리를 3개짜리 짝에서도 적용할 수 있다. 예제를 보자.

4				8		3	2	
7	9	8		3				
		3	5				9	
			2				3	
	2					5		
	7				6			
	8				3	1		
				2		8	5	4
	5	7		1				3

예7

훑어보기와 하나 찾기를 사용하여 〈예7-1〉까지는 풀이할 수 있다.

4		5		8		3	2	
7	9	8		3				5
		3	5				9	8
			2		5		3	
		2				5		
5	7				6			
	8	4		5	3	1	7	
				2		8	5	4
	5	7		1			6	3

예7-1

이제 제거하기를 이용해보자. 컬럼2를 보자. 2는 어디에 들어가야 할까? 셀32뿐이다. 그런 다음 빅 로우1을 훑어보기하면 셀26에 다시 2를 넣을 수 있다. 다시 제거하기가 필요하다. 컬럼5에서 6이 들어갈 수 있는 곳은 셀35뿐이다. 하나 찾기와 훑어보기를 사용해 계속해서 다음과 같이 문제를 풀어보자.

4	6	5		8		3	2	
7	9	8		3	2	6		5
1	2	3	5	6			9	8
			2		5		3	
		2				5		
5	7				6			
	8	4		5	3	1	7	
				2		8	5	4
	5	7		1			6	3

예7-2

제거하기를 세 번 더 하고 나면 문제가 막히는데, 이때부터는 각 셀에 가능한 수가 무엇인지 적어 넣을 필요가 있다. 먼저 로우6에서 3이 들어갈 수 있는 곳은 셀64뿐이다. 이곳에 3을 넣고 나면, 로우 6에서 8이 들어갈 수 있는 곳은 한 곳만이 남는다. 바로 셀68이다. 마지막으로 로우4에서 8이 들어갈 수 있는 유일한 곳은 셀41이 된다.

4	6	5	179	8	179	3	2	17
7	9	8	14	3	2	6	14	5
1	2	3	5	6	47	47	9	8
8	14	169	2	479	5	479	3	1679
369	134	2	14789	479	14789	5	14	1679
5	7	19	3	49	6	249	8	129
269	8	4	69	5	3	1	7	29
369	13	169	679	2	79	8	5	4
29	5	7	489	1	489	29	6	3

예7-3

이제 셀45, 55, 65를 보자. 4, 7, 9를 포함하고 있다. 즉, 4, 7, 9 가 이 셀 3개에 특정한 순서대로 들어가며 박스5의 다른 셀에는 들어갈 수 없게 된다. 따라서 셀54와 56에는 4, 7, 9가 들어갈 수 없다. 다음에는 무엇을 해야 할까.

4	6	5	179	8	179	3	2	17
7	9	8	14	3	2	6	14	5
1	2	3	5	6	47	47	9	8
8	14	169	2	479	5	479	3	1679
369	134	2	18	479	18	5	14	1679
5	7	19	3	49	6	249	8	129
269	8	4	69	5	3	1	7	29
369	13	169	679	2	79	8	5	4
29	5	7	489	1	489	29	6	3

예7-4

로우5를 보자. 방금 살펴보았던 2개짜리 짝에 대한 내용을 떠올려보자. 셀54와 56에는 순서와 상관없이 1과 8이 들어가야 하며, 따라서 셀58은 1을 가질 수 없다.(셀58에 1이 들어가면 셀54와 56 모두 8이 되어버린다.) 셀58이 1이 아니므로 남은 숫자는 4뿐이다. 그러고 나면 이제부터는 하나 찾기와 훑어보기만으로도 문제를 풀 수 있다.

4	6	5	9	8	1	3	2	7
7	9	8	4	3	2	6	1	5
1	2	3	5	6	7	4	9	8
8	4	1	2	9	5	7	3	6
6	3	2	1	7	8	5	4	9
5	7	9	3	4	6	2	8	1
9	8	4	6	5	3	1	7	2
3	1	6	7	2	9	8	5	4
2	5	7	8	1	4	9	6	3

예7 정답

3개짜리 짝에서는 종종 후보숫자가 2개 있는 셀이 들어 있다. 배열을 좀 더 쉽게 구분하기 위해 덧붙이자면, 숫자 3개를 'X' 'Y' 'Z'라고 하면 'XYZ-XYZ-XYZ' 'XYZ-XYZ-XY' 'XYZ-XY-YZ' 와 같은 형태가 있으며, 그중 'XY-YZ-XZ'의 형태가 문제 풀이에 가장 유용하고 빈번하게 나타난다.

4개짜리 짝

4개짜리 짝도 2개나 3개짜리 짝에 대한 풀이와 마찬가지다. 다음 문제를 보자.

					4		1	7
5		4		9				2
	1			3		4		
	3	1	4					
		7		8		5		
					2	6	3	
		6		4			7	
7				1		2		5
8	4		3					

예8

훑어보기와 하나 찾기로 다음과 같이 문제를 풀 수 있다.

3					4	9	1	7
5	7	4		9		3		2
	1			3		4	5	
	3	1	4			7		
		7		8	3	5		
					2	6	3	
1		6		4		8	7	3
7	9	3		1		2	4	5
8	4		3			1		

예8-1

제거하기로 셀 하나를 더 채우고 나면 후보숫자들이 필요해진다. 먼저, 컬럼6에서 1은 셀26에만 들어갈 수 있다. 1을 채우고 나면 후보숫자들은 다음과 같아진다.

3	268	28	2568	256	4	9	1	7
5	7	4	68	9	1	3	68	2
269	1	289	2678	3	678	4	5	68
269	3	1	4	56	569	7	289	89
2469	26	7	169	8	3	5	29	149
49	58	589	1579	57	2	6	3	1489
1	25	6	259	4	59	8	7	3
7	9	3	68	1	68	2	4	5
8	4	25	5	2567	5679	1	69	69

예8-2

여기에서 찾아야 할 것은 같은 로우·컬럼·박스에 있는 셀 2개가 후보숫자 2개를 공유하고 있는 경우, 같은 로우·컬럼·박스에 있는 셀 3개가 후보숫자 3개를 공유하고 있는 경우, 같은 로우·컬럼·박스에 있는 셀 4개가 후보숫자 4개를 공유하고 있는 경우 등이다.

대표적으로 셀98과 99에는 6 또는 9가 들어가야 하며, 그 로우에 있는 다른 셀에서 6과 9를 제거할 수 있다. 하지만 이것은 문제풀이에 큰 도움이 되지 않는다. 박스4에서 셀을 몇 개 채울 수 있긴 하지만 말이다. 셀41, 51, 52, 61에는 숫자 2, 4, 6, 9가 들어가야 한다. 즉, 이 4개의 셀에는 어떤 순서로든 이 4개의 숫자가 들어가며, 박스4의 다른 셀에는 2, 4, 6, 9가 들어갈 수 없다.

3	268	28	2568	256	4	9	1	7
5	7	4	68	9	1	3	68	2
269	1	289	2678	3	678	4	5	68
269	3	1	4	56	569	7	289	89
2469	26	7	169	8	3	5	29	149
49	58	58	1579	57	2	6	3	1489
1	25	6	259	4	59	8	7	3
7	9	3	68	1	68	2	4	5
8	4	25	5	257	57	1	69	69

예8-3

이로써 셀63의 후보숫자에서 9를 없애고, 제거하기를 통해 컬럼 3의 셀33에 9를 넣을 수 있게 된다. 이것이 큰 도움이 되진 않지만, 셀63에서 9를 없애고 나면 셀62와 63에 5 또는 8이 들어갈 수 있음을 알게 된다. 즉 로우6의 다른 셀에서 5와 8이 없어지고, 셀65에 7이 들어가게 된다.

3	268	28	2568	256	4	9	1	7
5	7	4	68	9	1	3	68	2
26	1	9	2678	3	678	4	5	68
269	3	1	4	56	569	7	289	89
2469	26	7	169	8	3	5	29	149
49	58	58	19	7	2	6	3	1489
1	25	6	259	4	59	8	7	3
7	9	3	68	1	68	2	4	5
8	4	25	5	25	57	1	69	69

예8-4

이제 제거하기로 마무리해보자. 컬럼4에서 7이 들어갈 곳은 셀 34뿐이며, 여기에 7을 넣고 나면 로우3에서 2가 들어갈 곳은 셀31만 남는다. 이제부터는 훑어보기와 하나 찾기로 풀이가 가능하다.

3	6	8	5	2	4	9	1	7
5	7	4	6	9	1	3	8	2
2	1	9	7	3	8	4	5	6
9	3	1	4	6	5	7	2	8
6	2	7	1	8	3	5	9	4
4	8	5	9	7	2	6	3	1
1	5	6	2	4	9	8	7	3
7	9	3	8	1	6	2	4	5
8	4	2	3	5	7	1	6	9

예8 정답

5개짜리 짝

4개짜리 짝을 풀었다면 5개짜리도 어려울 것이 없다. 〈예9〉를 풀어보자.

					4			5
	9	6		7		8		
						2	7	
1			6					3
			5	1	2			
6					3			8
	5	8						
		2		6		5	3	
9			4					

예9

기본적인 풀이법을 사용하면 여기까지 풀 수 있다.

					4	3	6	5
	9	6		7		8		
					6	2	7	9
1			6					3
			5	1	2			
6					3			8
	5	8						
		2		6		5	3	
9	6		4				8	

예9-1

박스3에는 1과 4가 들어갈 수 있는 빈칸이 2개 있다. 결국 셀26에는 1이 들어갈 수 없으므로, 남은 숫자는 5뿐이다. 빅 컬럼2를 5로 훑어보기를 하여 셀95에 5를 넣는다. 그러면 로우9의 셀99에는 2가, 컬럼1의 셀31에는 5가 들어간다.(제거하기 사용.) 셀95와 99가 채워졌으므로 제거하기를 사용해 셀93에 3을 넣는다. 그러고 나서 빅 컬럼1을 훑어보기하여 셀82에 1을 넣는다. 지금까지 풀이는 다음과 같다.

278	278	17	1289	289	4	3	6	5
23	9	6	23	7	5	8	14	14
5	348	14	138	38	6	2	7	9
1	2478	4579	6	489	789	479	2459	3
3478	3478	479	5	1	2	4679	49	467
6	247	4579	79	49	3	1479	12459	8
47	5	8	12379	239	179	14679	149	1467
47	1	2	789	6	789	5	3	47
9	6	3	4	5	17	17	8	2

예9-2

로우7을 보면 셀71, 76, 77, 78, 79의 5개가 1, 4, 6, 7, 9의 5개의 후보숫자를 가진다. 그러므로 로우7의 나머지 셀에서 이 숫자들을 제거하면 셀74과 75에 후보숫자 2와 3이 남게 된다. 하지만 이 방법을 쓰지 않더라도, 로우7의 후보숫자를 살펴보면 후보숫자 2와 3은 셀74와 75에만 들어간다는 것을 알 수 있다. 따라서 이 셀들에서 2와 3만 빼놓고 다른 후보숫자를 제거할 수 있다. 어느 방법을 써서 풀이하든 결과는 마찬가지다. 이 방법은 3개 혹은 4개짜리 짝 등을 찾아내는 데에도 적용할 수 있다. 하지만 2개짜리 이상에서는 알아차리기가 매우 어려우며, 일반적인 짝 맞추기 방법을 사용하는 편이 더 쉽다.

278	278	17	1289	289	4	3	6	5
23	9	6	23	7	5	8	14	14
5	348	14	138	38	6	2	7	9
1	2478	4579	6	489	789	479	2459	3
3478	3478	479	5	1	2	4679	49	467
6	247	4579	79	49	3	1479	12459	8
47	5	8	23	23	179	14679	149	1467
47	1	2	789	6	789	5	3	47
9	6	3	4	5	17	17	8	2

예9-3

여기까지 오면, 몇 개의 짝을 찾을 수 있다. 셀71과 81은 모두 4와 7을 가지고 있으므로 2개짜리 짝이다. 컬럼1의 다른 셀에서 후보숫자 4와 7을 모두 지운다. 한편 셀81은 셀89와도 짝을 이루기 때문에 셀84와 86에 있는 7을 지운다. 또한 셀74에는 후보숫자가 2와 3만 남아 셀24와도 짝을 이루므로 컬럼4의 다른 셀에 있는 2와 3을 지운다.

이제 제거하기를 사용해보면, 컬럼4에서 7이 들어갈 수 있는 곳은 셀64밖에 없다. 또한 숫자를 공유하고 있는 짝들을 더 찾아낼 수 있다. 셀28, 58, 78이 1, 4, 9로 이루어져 있으므로 셀48과 68

28	278	17	189	289	4	3	6	5
23	9	6	23	7	5	8	14	14
5	348	14	18	38	6	2	7	9
1	2478	4579	6	489	789	479	2459	3
38	3478	479	5	1	2	4679	49	467
6	247	4579	79	49	3	1479	12459	8
47	5	8	23	23	179	14679	149	1467
47	1	2	89	6	89	5	3	47
9	6	3	4	5	17	17	8	2

예9-4

에서 1, 4, 9를 지운다. 그러면 아래와 같은 모습이 되는데, 로우6
에서 1이 들어갈 수 있는 곳은 셀67뿐임을 알 수 있다. 그런 다음
에는 훑어보기와 하나 찾기로 마무리할 수 있다.

짝 맞추기의 규칙을 간단하게 정리하면 다음과 같다. 한 로우,

28	278	17	189	289	4	3	6	5
23	9	6	23	7	5	8	14	14
5	348	14	18	38	6	2	7	9
1	2478	4579	6	489	89	479	25	3
38	3478	479	5	1	2	4679	49	467
6	24	459	7	49	3	149	25	8
47	5	8	23	23	179	14679	149	1467
47	1	2	89	6	89	5	3	47
9	6	3	4	5	17	17	8	2

예9-5

2	8	7	1	9	4	3	6	5
3	9	6	2	7	5	8	4	1
5	4	1	8	3	6	2	7	9
1	7	5	6	8	9	4	2	3
8	3	4	5	1	2	6	9	7
6	2	9	7	4	3	1	5	8
4	5	8	3	2	7	9	1	6
7	1	2	9	6	8	5	3	4
9	6	3	4	5	1	7	8	2

예9 정답

컬럼, 박스에서 특정한 후보숫자들을 그와 같은 개수의 셀들이 공유하고 있을 때에는(숫자가 2개이면 셀 2개, 숫자가 3개이면 셀 3개) 해당 로우, 컬럼, 박스의 다른 셀에서 그 숫자가 후보숫자로 나온 것을 없앨 수 있다.

[65쪽 정답]

1

4	2	3	9	8	1	7	5	6
7	5	8	4	6	3	2	1	9
9	1	6	2	5	7	3	4	8
5	8	4	3	1	9	6	2	7
6	9	2	8	7	5	1	3	4
1	3	7	6	2	4	9	8	5
3	7	5	1	4	6	8	9	2
8	4	1	7	9	2	5	6	3
2	6	9	5	3	8	4	7	1

2

6	8	7	2	5	3	4	1	9
4	1	2	7	8	9	6	5	3
3	9	5	6	4	1	2	8	7
7	2	4	9	3	5	8	6	1
9	5	8	1	6	2	7	3	4
1	6	3	4	7	8	5	9	2
8	7	6	3	9	4	1	2	5
5	3	1	8	2	7	9	4	6
2	4	9	5	1	6	3	7	8

다양한 스도쿠를 즐겨보자!

가로, 세로, 3×3 박스 안에 1부터 9까지 숫자를 채워 넣는 게 점점 지겨워지는가? 신선한 즐거움을 맛보게 해줄 갖가지 '변형 스도쿠'는 어떤가? 여기 몇 가지를 소개해본다.

'워도쿠wordoku'는 셀에 숫자 대신 알파벳이 들어 있다. 숫자로 된 스도쿠와 문제 푸는 요령은 같지만, 다 풀고 나면 가로와 세로, 대각선의 알파벳이 하나의 단어를 이루게 된다. 워도쿠를 풀 때 논리적으로 단어를 찾을 필요는 없지만 그래도 단어를 빨리 알아차리면 문제 풀이에 확실히 도움이 된다.

'사무라이 스도쿠'는 5개의 스도쿠를 모서리 부분의 박스들이 서로 겹쳐지도록 모아놓은 형태이다. 각 스도쿠마다 문제를 풀 수 있을 만큼의 충분한 숫자가 제시되어 있긴 하지만 논리적으로 답을 얻기 위해서는 스도쿠 5개의 상호작용을 따져보아야 한다.

스도쿠가 꼭 9×9여야 할 필요는 없다. 숫자 0이 들어간 10×10이나 12×12, 심지어 16×16도 찾아볼 수 있다. 이러한 스도쿠는 후보숫자를 충분히 적을 수 있도록 넓은 칸으로 되어 있는지를 확인해야 한다. 더 작은 형태(일반적으로 6×6)는 어린이용 책에서 널리 쓰이고 있다.

6×6, 10×10, 12×12 스도쿠에서 박스는 대체로 사각형이다. 하지만 다양한 모양으로 얼마든지 응용될 수 있다. 3×3짜리 사각형이 아니라 다양한 모양을 한 9×9 스도쿠 또한 찾을 수 있다.

9개의 빈칸이 모두 다른 숫자여야 한다든가 대각선에 모두 다른 숫자를 넣어야 한다든가, 또는 둘 다 만족해야 하는 등 제한된 조건으로 풀어야 하는 스도쿠도 있다. 홀수 또는 짝수를 넣어야 하는 것도 있다.

이렇게 변형된 스도쿠의 재미는 일반적인 스도쿠에서는 사용하지 않는 새로운 규칙을 찾아내는 것이라 할 수 있다. 나는 새로운 스도쿠도 싫어하진 않지만, 전통적인 형태를 추구하는 편이다. '다이어트 콜라'를 좋아하는 사람도 있겠지만, 나는 옛날 것이 더 좋다.

037

		5			7	6		
					1	7		
		3		6			5	4
2	3							
	6	8	4		3	1	2	
							3	6
1	4			5		9		
		6	1					
		9	6			5		

038

				8				6
		1					3	4
			6		5			8
			8			9	5	
5	7						6	3
	6	3			9			
3			7		1			
7	1					6		
9				2				

039

6				8	9			
3						9	1	8
1		8						
7			8		2			
		2				4		
			7		1			6
						3		9
2	7	6						5
			5	7				4

040

	6		9				1	7
		5	7		6	4		
				1				3
2					1	8		4
3		8	6					1
5				6				
		3	8		2	9		
8	2				7		3	

041

8	1		2					6
	5		1					
	3			9				
				8	5	9		
3		8				2		5
		4	7	6				
				3			4	
					8		1	
6					1		3	9

042

3		3		6	9			
	9			4	2	6		
6	2							
4	5						6	
		2	6		1	4		
	6						7	3
							3	8
		1	5	9			4	
			1	3		9		

043

3	1				9			
	2			8	4		1	
5			7					
		7					8	2
	6						5	
2	3					4		
					8			5
	8		1	4			3	
			6				7	1

044

				6	9			
		3				9		
1	9		5		8			3
3		6			5	2		
	4						9	
		1	2			5		4
8			1		3		5	7
		5				1		
			9	5				

045

		6		9	3			
				2		4	9	
	1		7			6		3
			8			3		
	5			6			8	
		7			5			
3		9			6		4	
	8	2		7				
			9	3		5		

046

		9				2		3
2					6			5
			3	2	4			
		4	2		9			
7								1
			8		7	9		
			6	4	8			
5			9					7
6		3				8		

047

5	1			9				7
						2		
7	9	4				5		
				5	4		8	9
			8	3	9			
9	3		1	7				
		9				6	5	8
		3						
8				2			1	3

048

			9				5	
7	9	4						
				3	6			1
			6					5
	4	3				8	7	
8					4			
9			3	5				
						1	8	3
	2				7			

상호작용

이제 하나 찾기, 훑어보기, 제거하기는 혼자서도 충분히 할 수 있을 것이다. 따라서 지금부터는 이에 대한 상세한 설명은 생략하겠다.

			1	8				
	3		4		6			
	8	1				4		
2	6				5	7		
	4			7			6	
		8	9				4	2
		4				6	1	
			8		4		7	
				9	3			

예10

기본적인 풀이법으로 문제를 풀어보면 다음과 같아진다.

4	257	2567	1	8	279	259	3	5679
579	3	257	4	25	6	1	259	8
5679	8	1	57	3	279	4	259	5679
2	6	9	3	4	5	7	8	1
1	4	35	2	7	8	359	6	59
357	57	8	9	6	1	35	4	2
8	9	4	57	25	27	6	1	3
356	25	2356	8	1	4	259	7	59
57	1	257	6	9	3	8	25	4

예10-1

로우2에서 7은 셀21과 23에만 올 수 있다. 두 셀이 박스 1에 있으므로, 박스1에 있는 그 밖의 후보숫자 7을 제거할 수 있다. 나는 이를 '상호작용'이라고 부른다. 셀21과 23은 박스 안의 다른 셀들과 연관하에 서로 후보숫자를 결정할 수 있기 때문이다. 한편 컬럼8에서 9는 셀28과 38에만 올 수 있다. 두 셀이 모두 박스 3에 있으므로, 박스3에서 다른 후보숫자 9는 제거할 수 있다.

4	25	256	1	8	279	25	3	567
579	3	257	4	25	6	1	259	8
569	8	1	57	3	279	4	259	567
2	6	9	3	4	5	7	8	1
1	4	35	2	7	8	359	6	59
357	57	8	9	6	1	35	4	2
8	9	4	57	25	27	6	1	3
356	25	2356	8	1	4	259	7	59
57	1	257	6	9	3	8	25	4

예10-2

이제 셀12와 17에 2개짜리 짝이 나타났다. 셀13에서 후보숫자 2와 5를 없앨 수 있으므로 6이 되며, 이제부터는 기본적인 풀이법으로 문제를 풀 수 있다.

4	5	6	1	8	9	2	3	7
7	3	2	4	5	6	1	9	8
9	8	1	7	3	2	4	5	6
2	6	9	3	4	5	7	8	1
1	4	5	2	7	8	3	6	9
3	7	8	9	6	1	5	4	2
8	9	4	5	2	7	6	1	3
6	2	3	8	1	4	9	7	5
5	1	7	6	9	3	8	2	4

예10 정답

즉, 상호작용은 특정한 숫자가 같은 로우나 컬럼 안에 들어갈 수 있을 때 일어나는데, 단 전부 같은 박스 안에 위치해 있어야 한다. 그때 그 숫자들은 박스 안의 다른 셀에서는 후보숫자에서 제거될 수 있다.

마찬가지로 한 박스 안에 특정 숫자가 들어갈 수 있는 셀이 있다면, 그 셀이 포함된 로우나 컬럼에서는 박스 바깥 부분이라도 그 후보숫자를 제거할 수 있다.

스도쿠를 색연필로 풀어보자!

스도쿠는 용서가 없는 퍼즐이다. 만약 경솔하게 실수를 하여 어딘가에 틀린 숫자를 적어 넣었다고 해보자. 얼마 후 같은 줄에 6이 두 번 들어 있는 것을 발견하고 문제를 잘못 풀고 있음을 알아차렸다 하더라도 어디서부터 잘못되었는지 찾아내지 못할 것이다. 잘못 적어 넣었다는 것을 알고 났을 때에는 돌아갈 수 있는 방법이 없고, 어디에서부터 잘못되기 시작했는지 찾아낼 수도 없기 때문에 대개는 처음부터 다시 시작해야 한다.

스도쿠를 풀 때마다 이런 일이 자주 일어난다면 약간의 요령이 필요하다. 바로, 색연필로 푸는 것이다. 맨 처음에는 빨간색으로 10개를 채워 넣고, 그다음 10개는 주황색으로 바꿔서 적는다. 무지갯빛으로(노란색은 흰색 바탕과 구분이 잘 되지 않으므로 뺀다.) 돌아가며 계속한다. 문제를 잘못 풀고 있음을 알았을 때에는 마지막으로 사용한 색깔을 지우고 다시 풀어나간다.

만약 이렇게 했는데도 같은 실수를 하게 되었다면 마지막 2개의 색을 지우고 다시 풀어본다. 더 이상 문제가 잘못되지 않을 때까지 한 번에 한 색깔씩 지워나간다. 확실하지 않은 숫자를 임의로 적어 넣은 것에 대해 반성하면서 말이다.

실수를 방지하는 요령이 하나 더 있다. 걸으면서 풀지 말라. 나는 값비싼 대가를 치르고서야 이것을 터득했다. X윙과 소드피시 유형의 문제(뒤에서 설명하겠다.)에 도전하던 중 내가 탄 기차는 역에 도착해버렸다. 문제가 풀이가 거의 끝나가던 터라 나는 집으로 걸어가며 문제를 계속 풀어나갔다. 하지만 가로수에 부딪히지 않으려고 조심하느라 스도쿠에 집중할 수가 없었다. 그러다가 숫자를 잘못 넣고 말았다. 나는 펜으로 문제를 풀고 있었는데, 방금 적어 넣은 숫자가 어떤 것인지 알아낼 수가 없어 거의 다 풀어놓은 스도쿠를 망쳐버리고 말았다.

049

4								
		2			5	7		
			6	9			3	8
		9	5					1
8		1				9		5
6					4	8		
1	8			4	6			
		6	7			2		
								6

050

	8		2		3	6		5
						3		
		7		9				1
		9		6				4
	5	1		7		9	2	
4				5		8		
1				8		4		
		2						
6		8	4		1		9	

051

	6				2			4
		5	6					
1	2			3				
		8	7				3	1
		4				8		
9	1				8	4		
				9			6	8
					6	3		
5			4				2	

052

2	4			5				6
					3		5	1
	1							
		8			9	4		5
			6	3	5			
6		2	4			9		
							8	
9	6		3					
8				1			9	7

053

3			2					6
							7	
	1			8	6	4		9
		3		1	8			4
8								2
9			3	2		7		
2		8	1	5			4	
	5							
6					4			5

054

		8			1	3		
	7	3					6	
				5		9		4
				9				6
		4	5		6	8		
6				7				
3		9		2				
	4					2	5	
		6	9			1		

055

	3							4
			6			1		
6	4			5			2	
		7		4				
	9	4		1		6	8	
				8		9		
	6			9			5	8
		8			2			
2							9	

056

					9	2		
1	7			8	3			
4		5						
	8		9	7				
9								7
				2	5		9	
						9		1
			1	4			5	8
		6	3					

057

					9		1	
5		1	3					2
	7	2						
		4	5	8				
	5						9	
				4	1	2		
						3	2	
7					3	4		8
	2		7					

058

			1				4	
7	8				2			
				8		2	3	
						6	2	9
	6						1	
1	3	5						
	5	6		9				
			4				9	8
	4				3			

059

					2	1		4
		2	9		6			7
		7		5			3	
	8							9
			6		5			
9							2	
	1			6		4		
5			2		4	6		
4		8	1					

060

						1		
			8			3		5
	1		2		6	8		
4				8	2	7		
3								4
		9	6	4				3
		4	9		3		5	
6		3			7			
		2						

▍후보숫자를 적지 않고 푸는 법

내가 처음으로 스도쿠를 접한 것은 2000년에 데이브 털러Dave Tuller와 마이클 리오스Michael Rios가 쓴 《멘사 수학과 논리 퍼즐Mensa Math & Logic Puzzles》이라는 책을 편집하면서였다. 그 책에서는 4쪽에 걸쳐 다양한 숫자 넣기 퍼즐을 실었는데, 그중 9개는 일반적인 형태의 스도쿠였다.(대칭 규칙을 지키지는 않았지만.) 때문에 나는 스도쿠가 많은 인기를 얻기 수년 전에 스스로 풀이 방법을 개발해내야 했고, 이후 그 해법들은 온라인 커뮤니티에서 수없이 소개되었다.

후보숫자들을 기록할 필요가 없는 이 풀이법도 이때 개발한 것이다. 이 방법은 이해하기도 매우 쉽다. 물론 다음에 배우게 될 어려운 풀이법들이 필요한 문제에서는 그리 효과적이지 않고, 어떤 부분에서는 후보숫자를 적어야 할 수도 있다. 만약 이미 스도쿠 전체에 숫자들을 깨알같이 적어놓은 상태라면 문제 풀기가 매우 까다로울 것이다.

이제 예제를 풀어보자.

	7			2	3	9		
	8			6				
		1	5		4			
	4					6		5
2								1
5		6					3	
			9		1	8		
				3			6	
		3	6	4			1	

예11

훑어보기로 문제를 풀어보자. 셀27에 1을 넣으면, 셀14도 1이 된다. 셀79에는 3이 들어가고, 이에 따라 셀37, 21, 52도 3이 된다. 마지막 3은 셀44에 넣을 수 있다. 한편 셀56에는 6이, 셀55에는 5가 들어간다. 셀22에 8이 있어 박스2에 8이 들어갈 곳은 셀35뿐이다. 이제 셀26에 9를 넣고, 셀24에 7을 넣어 박스2를 마무

	7		1	2	3	9		
3	8		7	6	9	1		
		1	5	8	4	3		
	4		3			6		5
2	3			5	6			1
5		6					3	
			9	7	1	8		3
				3			6	
		3	6	4			1	

예11-1

리한다. 그리고 하나 찾기로 셀75에 7을 넣는다.

여기서 문제가 막혀버렸다. 하지만 방법이 전혀 없는 것은 아니다. 5를 살펴보자. 훑어보기를 통해 박스1에서 셀13이나 셀23 중 하나에 5가 들어가야 한다는 것을 알 수 있다. 이 두 셀 사이의 선에 작게 5라고 적는다. 박스3에서 5는 셀18 또는 28 중 하나에 들어가야 한다. 다시 이 셀 사이에 5를 적어 넣는다. 셀 86과 96도 마찬가지다. 이렇게 하면 다음과 같은 그림이 완성된다.

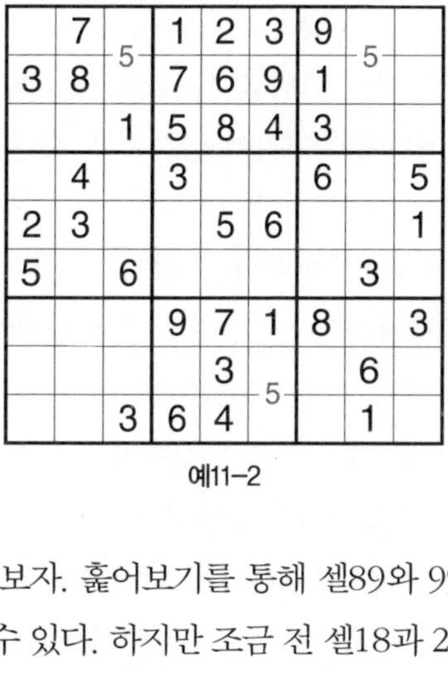

	7	_5_	1	2	3	9	_5_	
3	8		7	6	9	1		
		1	5	8	4	3		
	4		3			6		5
2	3			5	6			1
5		6					3	
			9	7	1	8		3
				3	_5_			6
		3	6	4			1	

예11-2

이제 박스9를 보자. 훑어보기를 통해 셀89와 99에는 5가 올 수 없다는 것을 알 수 있다. 하지만 조금 전 셀18과 28 사이에 5를 적어놓았으니, 셀78에도 5가 들어갈 수 없다. 5가 컬럼8의 셀18에 들어갈지 셀28에 들어갈지 아직 정확하지 않지만 문제 될 것은 없다. 어차피 5는 셀78에 들어갈 수 없다. 이제 박스9에서 5가 들어갈 수 있는 곳은 셀 두 개로 좁혀졌다. 그 셀들 사이에 5를 적어보자.

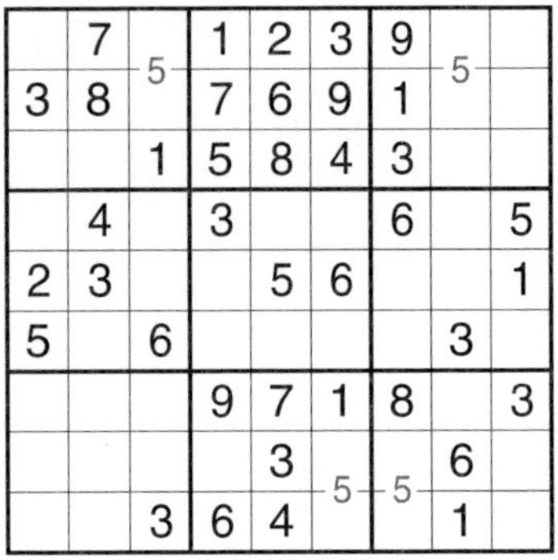

	7		1	2	3	9		
3	8		7	6	9	1		
		1	5	8	4	3		
	4		3			6		5
2	3			5	6			1
5		6					3	
			9	7	1	8		3
				3			6	
		3	6	4			1	

예11-3

이제 재미있는 부분이 나타났다. 박스8과 9에 적어놓은 5를 보자. 이 숫자들이 어디에 들어가야 할지는 알 수 없지만, 셀86과 97 또는 셀87과 96에는 들어가야 한다. 어느 쪽이든 로우8과 9에서 5는 이 셀들 중 하나에 들어간다. 그러므로 셀61에 있는 5를 가지고 박스7을 훑어보기하면, 셀72와 73으로 범위를 좁힐 수 있다. 하지만 잠시 기다려라. 박스1에 적어놓은 5는 셀13이나 23 중 어느 곳에나 들어갈 수 있기 때문에 결과적으로 셀73에는 5가 들어갈 수 없다. 이제 셀72에 5가 들어간다는 것이 확실해진다. 셀72에 5를 넣으면, 제거하기에 의해 셀71은 6이 된다.

지금까지는 조금 쉬운 편이었다. 이제 선 위에 작게 적은 5를 가지고 무엇을 할 수 있는지 몇 가지 단계를 더 보여주겠다. 셀71에 6을 넣고 나면, 하나 찾기를 사용해 셀11과 31에 각각 4와 9를 넣을 수 있다. 셀13에 가능한 숫자는 5만 남으므로 선에서 5를 지운다. 이제 셀18과 28 사이의 5도 셀28에 들어간다는 것을 확실히

110

알 수 있다. 여기서부터는 혼자서 풀 수 있을 것이다. 이 방법은 후 보숫자를 메모하는 방법과는 다르다. 셀 사이의 선에 적은 이 숫 자들은 단순한 가능성이 아니라, 확실한 숫자들이다. 단지 정확한 위치가 정해지지 않았을 뿐이다.

4	7	5	1	2	3	9	8	6
3	8	2	7	6	9	1	5	4
9	6	1	5	8	4	3	7	2
8	4	7	3	1	2	6	9	5
2	3	9	8	5	6	7	4	1
5	1	6	4	9	7	2	3	8
6	5	4	9	7	1	8	2	3
1	9	8	2	3	5	4	6	7
7	2	3	6	4	8	5	1	9

예11 정답

이 방법에 대해 한 문제 더 살펴보자.

		8				5		7
		1		6	8	9		
			1				8	
					2			5
	9		4		7		2	
4			9					
	5				6			
		3	5	4		1		
1		9				8		

예12

하나 찾기와 훑어보기, 제거하기를 사용하여 〈예12-1〉까지 풀
수 있다.

		8			4	5	1	7
5		1		6	8	9		
			1		5		8	
	1	7	6		2	4	9	5
	9		4		7		2	1
4			9		1			8
	5		8	1	6			9
	8	3	5	4	9	1		
1		9				3	8	5

예12-1

이제 선 위에 숫자 넣기를 해보면 다음과 같아진다.

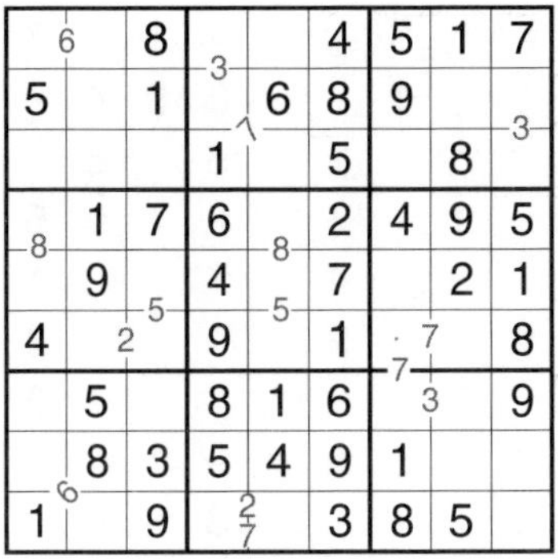

박스1에 써놓은 6은 로우1에서 제거하기를 사용해 알아냈다. 박스2의 숫자 7은 셀24나 35에 7이 들어간다는 것을 의미하며, 박스7의 6은 셀81 또는 92에 들어가게 된다. 이 숫자들은 한 번 적어놓은 다음에도 다시 추가할 수 있다. 로우9에 적어놓은 7은 셀92에는 7이 들어갈 수 없으므로 박스7의 셀71이나 81에만 들어갈 수 있음을 말해준다. 셀71과 81 사이에 7을 적어보면 박스1에서 7은 반드시 셀22나 32에 들어가야 한다고 결론을 내릴 수 있다.

또한 박스1에 6을 적어놓았으므로 셀33에는 6이 들어갈 수 없다. 그러므로 컬럼3에서 6을 넣을 수 있는 곳은 셀53과 63뿐이다. 마지막으로, 박스3의 셀29와 39 사이의 3 때문에 셀28에 들어갈 수 있는 것은 4뿐이다. 이제 다음과 같은 그림이 만들어진다.

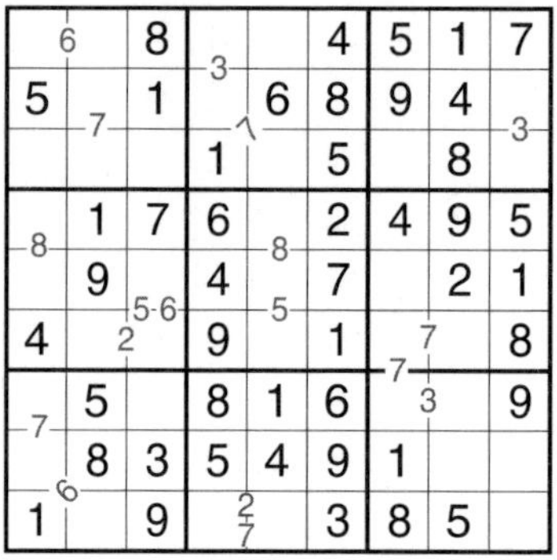

예12-3

훑어보기를 하여 셀99에 4를 넣는다. 그러고 나면 셀94와 95에 이미 2와 7이 있으므로 로우9에서 6이 들어갈 곳은 셀92만 남는다. 셀92에 6을 넣었으므로, 박스1의 6을 셀11에 넣을 수 있다. 셀99의 4로 빅 로우3을 훑어보기하여 셀73에 4를 넣는다. 이 4로 셀32에 마지막 4를 집어넣고, 박스1의 셀22에 7을 밀어 넣는다.

또한 셀53과 63에는 5와 6이 들어가므로 셀63에 2를 밀어 넣을 수 있는 가능성이 없다. 2는 셀62에 들어가야 한다. 여기까지 하고 나면 〈예12-4〉와 같아지며, 이제 작게 적어놓은 숫자들을 지워나가며 하나 찾기를 사용하면 끝까지 풀 수 있다. 나머지는 직접 풀어보자.

6		8			4	5	1	7
5	7	1		6	8	9	4	
	4		1	7	5		8	
	1	7	6		2	4	9	5
	9		4		7		2	1
4	2		9		1			8
	5	4	8	1	6			9
	8	3	5	4	9	1		
1	6	9			3	8	5	4

예12-4

6	3	8	2	9	4	5	1	7
5	7	1	3	6	8	9	4	2
9	4	2	1	7	5	6	8	3
3	1	7	6	8	2	4	9	5
8	9	6	4	5	7	3	2	1
4	2	5	9	3	1	7	6	8
7	5	4	8	1	6	2	3	9
2	8	3	5	4	9	1	7	6
1	6	9	7	2	3	8	5	4

예12 정답

선 위에 작게 적은 숫자는
이웃한 셀과는 상관없다

이 장에서 선 위에 표시한 작은 숫자들은 이웃한 셀들과는 상관없다.(대각선으로 표시한 것도 마찬가지다.) 예를 들어 〈예 12-2〉에서 박스7의 셀73과 92 둘 중 하나에 4가 들어간다는 것을 알 수 있다. 그 둘 사이의 어딘가에 4를 적고 두 셀을 향해 선을 그린다. 만약 숫자가 3개나 그 이상의 셀과 관련이 있다면, 어떻게 해서든 그 셀들을 향해서도 표시할 수 있다. 하지만 이것은 그리 좋은 방법이 아니다. 특히 후보숫자 또한 적으면서 문제를 풀기 시작했다면 스도쿠 전체가 매우 어지러워지며, 거의 모든 셀마다 그물처럼 줄을 그어놓고 스도쿠의 마지막 숫자를 채우는 것과 다를 바 없다. 게다가 스도쿠를 한 번도 풀어본 적 없는 사람이 당신의 옆자리에 앉아 그 모습을 보게 된다면 얼마나 어처구니없어할까?

▮X윙 유형

X윙 X-wing과 여기에서 파생된 소드피시 swordfish, 젤리피시 jellyfish, 스쿰백 sqirmbag은 고난도 스도쿠에 사용되는 풀이 방법이다.

X윙

예13

〈예13〉은 X윙 해법을 사용해야 하는 문제이다. 기본적인 해법으로 문제를 풀다 보면 〈예13-1〉에서 막히게 된다.

9	12	246	3	158	156	16	48	7
5	3	467	9	18	167	2	48	16
8	17	67	167	2	4	3	5	9
3	27	257	17	15	8	9	6	4
4	6	8	2	9	57	57	1	3
1	9	57	4	6	3	57	2	8
2	4	3	5	7	16	8	9	16
6	5	1	8	3	9	4	7	2
7	8	9	16	4	2	16	3	5

예13-1

컬럼2와 4에서 7을 후보숫자로 삼는 셀은 셀32, 42, 34, 44이다. 이 4개의 셀은 2개의 다른 로우(로우3과 4)에 속해 있기 때문에, 셀32와 44가 7을 가지거나 또는 셀34와 42가 7을 가지게 될 것이다. 어떤 경우이든 로우3과 4의 7은 컬럼2와 4에 나타날 것이다. 다시 말해, 만약 셀33에 7이 들어가게 되면 셀32나 34에는 7이 들어갈 수 없으며, 그렇게 되면 셀42와 44에 7이 들어가야 하지만 그런 일은 불가능하다. 셀42와 44는 같은 로우에 있기 때문이다.

이와 같은 조합을 'X윙'이라고 한다. 셀34, 42와 셀32, 44가 연결되어 있는 모양이 X자 같아서 이런 이름이 지어졌다. 이 4개의 셀들이 X윙을 이루고 있기 때문에 로우3과 4에 있는 나머지 셀들의 후보숫자 7을 모두 제거할 수 있다. 즉, 셀33에는 6이 들어가야 한다.

9	¹² ²⁴	3	¹⁵⁸ ¹⁵⁶ ¹⁶	⁴⁸ 7

9	12	24	3	158	156	16	48	7
5	3	47	9	18	167	2	48	16
8	17	6	17	2	4	3	5	9
3	27	25	17	15	8	9	6	4
4	6	8	2	9	57	57	1	3
1	9	57	4	6	3	57	2	8
2	4	3	5	7	16	8	9	16
6	5	1	8	3	9	4	7	2
7	8	9	16	4	2	16	3	5

예13-2

셀33에 6을 넣고 나면 제거하기를 써서 셀94에 6을 한 번 더 집어넣을 수 있으며(컬럼4의 어느 곳에도 6이 들어갈 수 없으므로), 이제부터는 기본적인 풀이법을 사용해 수월하게 문제를 풀 수 있다.

9	2	4	3	1	5	6	8	7
5	3	7	9	8	6	2	4	1
8	1	6	7	2	4	3	5	9
3	7	2	1	5	8	9	6	4
4	6	8	2	9	7	5	1	3
1	9	5	4	6	3	7	2	8
2	4	3	5	7	1	8	9	6
6	5	1	8	3	9	4	7	2
7	8	9	6	4	2	1	3	5

예13 정답

소드피시

소드피시는 X윙과 비슷하지만, 2개가 아니라 한 번에 3개의 로우 또는 컬럼과 관련되어 있다는 점이 다르다. 소드피시나 그 밖의 X 윙 계열 해법의 이름이 어디서 비롯됐는지는 알 수 없다. 이제 문제를 살펴보자.

	3							
			9		3	2		1
6	7			2			3	
9			8		7			
		7				5		
			3		6			7
	8			9			1	6
1		2	5		8			
							2	

예14

2	3	14589	1467	145678	145	4679	456789	489
458	45	458	9	45678	3	2	45678	1
6	7	14589	14	2	145	49	3	489
9	1456	13456	8	145	7	1346	46	2
348	146	7	2	14	9	5	468	348
458	2	1458	3	145	6	149	489	7
3457	8	345	47	9	2	347	1	6
1	469	2	5	3467	8	3479	479	349
347	469	3469	1467	13467	14	8	2	5

예14-1

기본적인 풀이법으로 〈예14-1〉까지 풀 수 있다. 이제 상호작용을 이용해보자. 컬럼2에서 1은 셀42나 52 중에서 어느 곳에도 들어갈 수 있으므로 박스4의 다른 셀에 들어 있는 후보숫자 1을 전부 지울 수 있다. 마찬가지로 컬럼2에서 9는 셀82나 92에 들어갈 수 있으므로, 셀93에서 후보숫자 9를 지울 수 있다. 셀82에 있는 후보숫자 9 또한 로우8과 박스9에 9가 있으므로 없앨 수 있다. 한편 1, 4, 5가 셀45, 55, 65에서 3개짜리 짝을 이루고 있으므로, 셀45, 55, 65를 제외한 컬럼5의 나머지 셀에서 후보숫자 1, 4, 5를 없앨 수 있다. 지금까지의 풀이는 〈예14-2〉와 같다.

2	3	14589	1467	678	145	4679	456789	489
458	45	458	9	678	3	2	45678	1
6	7	14589	14	2	145	49	3	489
9	1456	3456	8	145	7	1346	46	2
348	146	7	2	14	9	5	468	348
458	2	458	3	145	6	149	489	7
3457	8	345	47	9	2	347	1	6
1	46	2	5	367	8	3479	479	349
347	469	346	1467	367	14	8	2	5

예14-2

이제 컬럼2에서 9가 남은 곳은 셀92뿐이므로 이곳에 9를 집어넣는다. 셀21, 22, 23은 4, 5, 8로 3개짜리 짝을 이루고 있으므로, 셀13, 33, 25, 28에서 4, 5, 8을 모두 지울 수 있다.

2	3	19	1467	678	145	4679	456789	489
458	45	458	9	67	3	2	67	1
6	7	19	14	2	145	49	3	489
9	1456	3456	8	145	7	1346	46	2
348	146	7	2	14	9	5	468	348
458	2	458	3	145	6	149	489	7
3457	8	345	47	9	2	347	1	6
1	46	2	5	367	8	3479	479	349
347	9	346	1467	367	14	8	2	5

예14-3

앞에서 배운 방법들을 사용하면 아래와 같은 모습이 된다.(로우1
에 3개짜리 짝이 있어 셀14와 17에서 후보숫자 1, 4, 9가 제거된다.)

2	3	19	67	8	14	67	5	49
458	45	458	9	67	3	2	67	1
6	7	19	14	2	5	49	3	8
9	1456	3456	8	145	7	1346	46	2
348	146	7	2	14	9	5	468	34
458	2	458	3	145	6	149	489	7
3457	8	345	47	9	2	347	1	6
1	46	2	5	367	8	3479	479	349
347	9	346	1467	367	14	8	2	5

예14-4

이제 소드피시 모양이 되었다. 로우2, 5, 8에서 6을 후보숫자로 가지는 셀은 25, 28, 52, 58, 82, 85이다. 이 셀들은 서로 다른 3개의 컬럼(2, 5, 8)에 자리하고 있기 때문에, 컬럼2, 5, 8의 어느 곳에서든 이 셀 이외의 후보숫자 6을 제거할 수 있다.

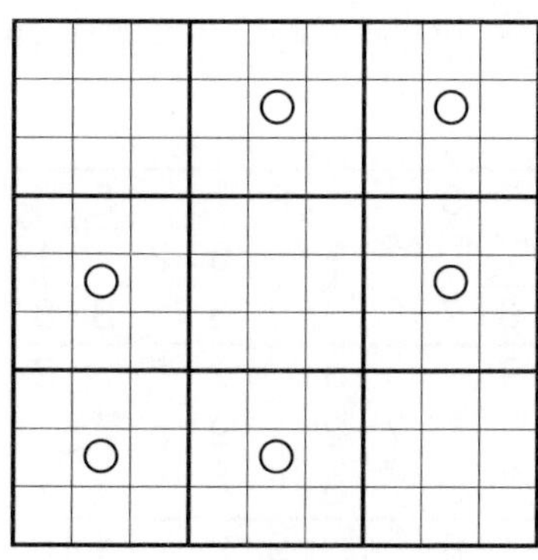

예14 소드피시

위 그림에서 동그라미를 친 부분이 로우2, 5, 8에서 6이 들어갈 수 있는 곳이다. 여기에서는 두 가지 경우가 가능하다. 하나는 셀 25, 58, 82에 6이 들어가는 것이고, 또 한 가지 방법은 셀28, 52, 85에 6이 들어가는 것이다. 하지만 어떤 경우라도 6은 셀52와 82 중 한 곳, 셀25와 85 중 한 곳, 셀28과 58 중 한 곳에만 들어갈 것이다. 그러므로 컬럼2, 5, 8에서 6은 이 셀들에만 들어갈 수 있으며, 이 컬럼들의 후보숫자 6 중에서 로우2, 5, 8 이외의 것은 없앨 수 있다.

주의할 점은 각각의 로우에 6이 들어갈 수 있는 곳이 반드시 2

개일 필요는 없다는 것이다. 만약 셀22에도 후보숫자로 6이 들어가거나 셀55 또는 셀88에서 6이 후보숫자가 된다면(또는 이런 식의 어떤 조합이든) 이것 역시 소드피시가 될 수 있다. 즉, 컬럼2, 5, 8의 6은 로우2, 5, 8의 어떤 곳에든 위치할 수 있으며, 이 컬럼들의 다른 셀에서는 없어진다.

위의 설명처럼 6을 없애면 〈예14-5〉와 같게 된다.

2	3	19	1467	8	14	4679	5	489
458	45	458	9	67	3	2	67	1
6	7	19	14	2	5	49	3	8
9	145	3456	8	145	7	1346	4	2
348	146	7	2	14	9	5	468	34
458	2	458	3	145	6	149	489	7
3457	8	345	47	9	2	347	1	6
1	46	2	5	367	8	3479	479	349
347	9	346	1467	37	14	8	2	5

예14-5

셀48에서 6을 지웠기 때문에 4가 들어가게 된다. 나머지 부분은 기본적인 풀이법을 사용하여 풀 수 있다.

2	3	9	6	8	1	7	5	4
8	5	4	9	7	3	2	6	1
6	7	1	4	2	5	9	3	8
9	1	3	8	5	7	6	4	2
4	6	7	2	1	9	5	8	3
5	2	8	3	4	6	1	9	7
3	8	5	7	9	2	4	1	6
1	4	2	5	6	8	3	7	9
7	9	6	1	3	4	8	2	5

예14 정답

젤리피시

짝 맞추기에서 2개짜리 짝이 3개, 4개짜리로 변형되었듯이 여기에서는 X윙에서 소드피시, 젤리피시로 확장된다.

	2			1	8			4
	5				6		3	2
7				5		8		9
			4		7			
6		2		9				5
2	9		3				4	
3			6	8			9	

예15

9	2	3	7	1	8	6	5	4
148	1467	14678	25	3	25	9	18	178
18	5	178	9	4	6	17	3	2
7	134	14	12	5	123	8	6	9
5	8	9	4	6	7	13	2	13
6	13	2	8	9	13	4	7	5
2	9	168	3	7	15	15	4	168
148	1467	14678	15	2	9	1357	18	13678
3	17	5	6	8	4	2	9	17

예15-1

기본적인 풀이법으로 문제를 풀면 〈예15-1〉에서 막히게 된다. 상호작용을 사용하여 따져보면 후보숫자 몇 개를 제거할 수 있다. 로우3에서 8은 셀31이나 33에 들어갈 것이므로, 셀21과 23의 8은 없앨 수 있다. 그리고 셀76과 77은 2개짜리 짝을 이루기 때문에 셀73과 79에서 1을 없앨 수 있다.

9	2	3	7	1	8	6	5	4
148	1467	1467	25	3	25	9	18	178
18	5	178	9	4	6	17	3	2
7	134	14	12	5	123	8	6	9
5	8	9	4	6	7	13	2	13
6	13	2	8	9	13	4	7	5
2	9	68	3	7	15	15	4	68
148	1467	14678	15	2	9	1357	18	13678
3	17	5	6	8	4	2	9	17

예15-2

이제 젤리피시를 볼 수 있다. 로우5, 6, 7, 9에서 후보숫자로 1을 가지고 있는 곳은 셀57, 59, 62, 66, 76, 77, 92, 99이다. 이 8개의 셀들은 서로 다른 컬럼 4개(2, 6, 7, 9)에 포함되어 있기 때문에, 컬럼2, 6, 7, 9에서 이 셀들 이외의 곳에 있는 후보숫자 1을 제거할 수 있다. 따라서 셀22, 42, 82, 46, 37, 87, 29, 89에서 1을 없앨 수 있다.

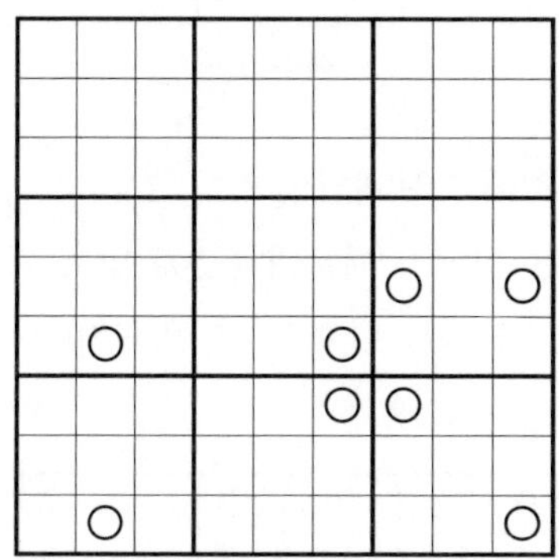

예15 젤리피시

젤리피시는 소드피시와 비슷하지만 로우가 3개가 아니라 4개로 되어 있다. 기억해야 할 점은, 로우에 있는 숫자들이 정확히 두 번씩 나올 필요는 없다는 것이다. 컬럼 4개에 모두 속해 있는 한 로우에서 1이 들어갈 수 있는 곳이 2개나 3개, 혹은 4개가 있다 하더라도 문제가 되지 않는다.

9	2	3	7	1	8	6	5	4
14	467	1467	25	3	25	9	18	78
18	5	178	9	4	6	7	3	2
7	34	14	12	5	23	8	6	9
5	8	9	4	6	7	13	2	13
6	13	2	8	9	13	4	7	5
2	9	68	3	7	15	15	4	68
148	467	14678	15	2	9	357	18	3678
3	17	5	6	8	4	2	9	17

예15-3

셀37에서 1을 없애 7을 채워 넣었다. 그러고 나면 앞서 셀29에
서도 후보숫자 1을 없앴기 때문에 셀29는 8이 된다. 이제는 기본
적인 풀이법만으로 문제를 쉽게 풀 수 있게 된다.

9	2	3	7	1	8	6	5	4
4	6	7	2	3	5	9	1	8
8	5	1	9	4	6	7	3	2
7	3	4	1	5	2	8	6	9
5	8	9	4	6	7	1	2	3
6	1	2	8	9	3	4	7	5
2	9	8	3	7	1	5	4	6
1	4	6	5	2	9	3	8	7
3	7	5	6	8	4	2	9	1

예15 정답

스큄백

스큄백은 젤리피시에 한 단계 추가된 형태로, 앞서 설명한 젤리피시와 마찬가지로 상당한 난이도의 문제에서만 찾아볼 수 있는 유형이다.

　이번 문제에서는 스큄백 해법이 꼭 필요한 것은 아니지만 개념 설명을 위해 제시해놓았다. 만약 이 부분을 잘 이해한다면 더 이상 어려운 문제는 없을 것이다. 그럼 문제 〈예16〉을 풀어보자.

1					8		4	
		4		3				9
	2		4		6		8	
		5	9	7		2		
		2		4	1	5		
	8		1		9		5	
5				8		7		
	4		3					1

예16

1	3579	379	257	259	8	6	4	257
8	567	4	257	3	257	1	27	9
79	2	79	4	1	6	3	8	57
4	16	5	9	7	3	2	16	8
367	1367	8	256	256	25	9	1367	3467
3679	3679	2	8	4	1	5	367	367
2367	8	367	1	26	9	4	5	236
5	369	1	26	8	24	7	2369	236
2679	4	679	3	256	257	8	269	1

예16-1

컬럼 1, 3, 4, 5, 9에서 6이 후보숫자로 들어갈 수 있는 셀은 51, 61, 71, 91, 73, 93, 54, 84, 55, 75, 95, 59, 69, 79, 89이다. 이 셀들은 정확히 5개의 다른 로우(5, 6, 7, 8, 9)에 들어 있기 때문에, 로우 5, 6, 7, 8, 9에서 이 셀들 이외의 후보숫자 6은 모두 없앨 수 있다. 6이 들어갈 수 있는 자리를 표시한 다음 그림을 보면 스큄백의 형태를 알 수 있다.

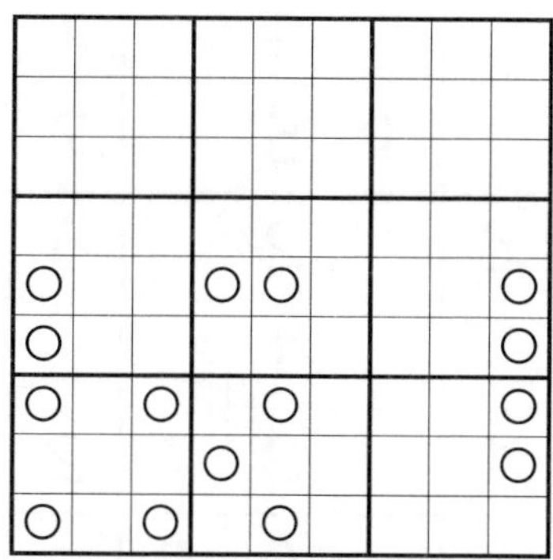

예16 스퀌백

6이 제거된 셀은 52, 62, 82, 58, 68, 88, 98이다. 이제 컬럼8에는 6이 단 하나, 즉 셀48에만 남는다. 여기에 6이 들어가면 셀42는 1이 되고, 컬럼2는 6이 셀22에만 남게 된다. 여기서부터는 훑어보기와 하나 찾기, 제거하기로 문제를 풀 수 있다.

1	5	3	7	9	8	6	4	2
8	6	4	5	3	2	1	7	9
7	2	9	4	1	6	3	8	5
4	1	5	9	7	3	2	6	8
3	7	8	6	2	5	9	1	4
6	9	2	8	4	1	5	3	7
2	8	7	1	6	9	4	5	3
5	3	1	2	8	4	7	9	6
9	4	6	3	5	7	8	2	1

예16 정답

			9					2
				4		1	9	
			1	5		7	4	6
		6		2		5		
5				1				4
		1		3		2		
9	5	3		6	2			
	6	7		9				
2					5			

	6	5		2				9
			4					
7	2				5		3	
		9				3	8	
2								7
	5	8				2		
	1		7				9	6
					6			
6				9		8	5	

063

	5	9	3		6			
7					1			
	2			7		3		
			6		5		4	
1				8				2
	9		1		7			
		2		3			8	
			8					9
			5		9	1	2	

064

	3	8	2				7	
6	7		9				2	
			1					
7						8		
		4		7		2		
		5						4
					3			
	9				1		5	7
	8				4	9	6	

065

	4				2	1	7	
6		1						
		5	7			4		
5	3			2				
			4		9			
				7			4	8
		8			5	2		
						6		4
	2	6	1				3	

066

1		4				6		2
			9	2				4
				5	4			
6		1				7		5
	8			3			1	
4		5				2		8
			2	1				
9				6	7			
7		2				8		1

067

4		1					9	
					7	3		
	7		4				6	
	4		6	3	1			7
6								3
3			5	9	2		4	
	3				6		7	
		2	7					
	9					1		2

068

		5			7	1		
		7		1		5		4
					8			9
					6			1
		8				7		
6			9					
5			8					
4		2		7		8		
		1	5			2		

069

	6		8		5	7		
				7				5
			6				1	3
3								6
	1		4		9		5	
9								1
	9	1			4			
8				2				
		5	7		3		9	

070

	3			1		5		
					5		6	
		8	4		7		2	3
			1					2
	2	1				6	4	
4					9			
3	6		5		1	8		
	8		7					
		5		2			1	

071

			4				6	
		1		6		3		8
	6	5			3		5	
6				8		1		
	3		2		4		9	
		4		3				2
	8		7				3	
2		6		9		8		
	4				8			

072

8						6		1
		4	1			9	7	
		7	8					
		1	2				5	9
				9				
5	8				6	2		
					5	3		
	4	8			3	1		
9		5						4

고도니언 로직

만약 평범한 스도쿠 퍼즐러에게 스도쿠의 규칙이 무엇인지 묻는 다면, 각각의 로우, 컬럼, 3×3 박스에 1부터 9까지의 숫자를 넣는 것이라고 대답할 것이다. 틀린 설명은 아니다. 하지만 첫머리에서 도 이야기했듯이 다른 규칙도 몇 개 더 있다. 우선 시작할 때 30개 이상의 숫자를 제시하지 않아야 하며, 제시된 숫자는 좌우대칭을 이루고 있어야 한다. 또한 (모든 사람들이 따르지는 않지만.) 스도 쿠는 논리적인 방법을 통해 풀 수 있으며, 스도쿠의 답은 오직 한 개만 존재한다는 것이다. 이것이 '고도니언 로직Gordonian Logic'을 푸는 열쇠이다.

고도니언 직사각형

이 책의 모든 예제와 문제를 만든 프랭크 롱고가 처음 스도쿠에 빠 졌을 때, 그는 추측하지 않고는 도저히 풀 수 없다고 투덜대며 내 게 문제 하나를 보여주었다. 도전을 좋아하는 나는 문제를 풀기 시 작했다. 그 문제가 바로 〈예17〉이다. 나는 거침없이 풀어나갔고, 〈예17-1〉과 같이 될 때까지는 초보자용 문제라고 생각했다.

		8	4	1	3	5		
	2	5						3
			3	7			2	9
8	6			2	1			
5						1	6	
		9	6	5	8	7		

예17

6	9	8	4	1	3	5	7	2
(37)	(34)	(47)	(257)	(69)	(2579)	(69)	8	1
1	2	5	(78)	(689)	(79)	(69)	4	3
4	5	1	3	7	6	8	2	9
9	7	2	(58)	(48)	(45)	3	1	6
8	6	3	9	2	1	4	5	7
5	(34)	(47)	(27)	(349)	(2479)	1	6	8
(37)	8	6	1	(34)	(47)	2	9	5
2	1	9	6	5	8	7	3	4

예17-1

하지만 아직 막히지는 않았다. 셀24와 26은 로우2에서 2와 5를 후보숫자로 가지는 유일한 셀로서 숨어 있는 짝이며, 다른 숫자가 들어갈 가능성은 없다. 로우8에서는 셀85나 86 중 하나에 4가 들어가야 하므로, 셀75와 76의 후보숫자에서 4를 없앨 수 있다. 지금까지 풀이는 다음과 같다.

6	9	8	4	1	3	5	7	2
37	34	47	25	69	25	69	8	1
1	2	5	78	689	79	69	4	3
4	5	1	3	7	6	8	2	9
9	7	2	58	48	45	3	1	6
8	6	3	9	2	1	4	5	7
5	34	47	27	39	279	1	6	8
37	8	6	1	34	47	2	9	5
2	1	9	6	5	8	7	3	4

예17-2

그러고는 이 모양을 아주 오랫동안 들여다보며 고심한 끝에 혁명적인 스도쿠 해법을 발견해냈다. 매우 풀기 힘든 문제를 식은 죽 먹기로 바꾸는 방법! 나는 이 방법에 '고도니언 직사각형'이라고 이름을 붙였다. 이제 어떤 방법인지 설명해보겠다. 우선 셀35가 8이 아니라고 가정해보자. 그리고 한 부분을 따로 떼어보자.

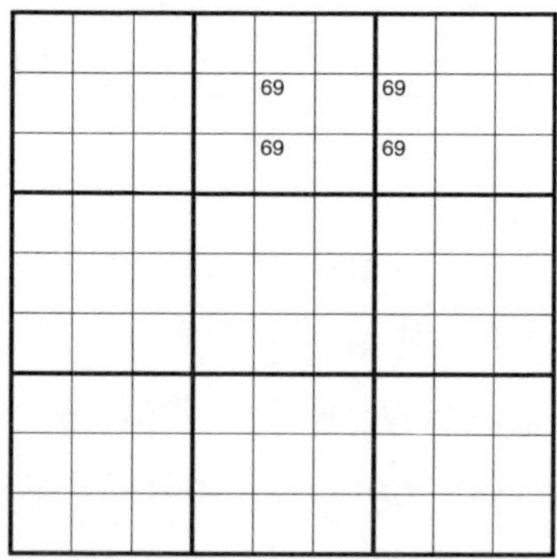

셀35에서 8을 없앤 것

셀35가 8이 아니라고 가정하는 것이 어떻게 이 문제를 푸는 열쇠가 될 수 있을까? 다른 곳의 셀들이 채워지더라도 6과 9가 셀 25, 27, 35, 37 중 어디에 들어가야 하는지에 대해서는 아무 단서도 제공해주지 않는다. 로우2와 3, 컬럼5와 7, 박스2와 3은 각각 이 4개의 셀에 6과 9로 이루어진 짝을 가진다. 따라서 6이 셀27과 35에 들어가고 9가 셀25와 37에 들어가는지 혹은 그 반대가 되어야 하는지 명확한 결론을 내릴 수 없다. 다시 말해, 셀35에 8이 들어가지 않는다면 유효한 답이 2개 나올 수 있다. 하지만 컴퓨터 프로그램으로 이 문제를 테스트해본 후 정답은 단 하나만 가능하다는 것을 알아냈고, 셀35가 8이 되어야 한다는 결론을 내렸다. 다음 그림들처럼 6과 9가 들어갈 수 있는 방법이 2개 존재하여 두 가지 해답이 나오는 일은 있을 수 없기 때문이다. 만약 셀35에 8이 들어가지 않을 경우 어딘가에서 모순에 부딪히게 될 것이다. 나는 자신 있게 8을 넣었다. 그리고 셀35의 버디스에서 8을 없애면 〈예17-3〉과 같아진다.

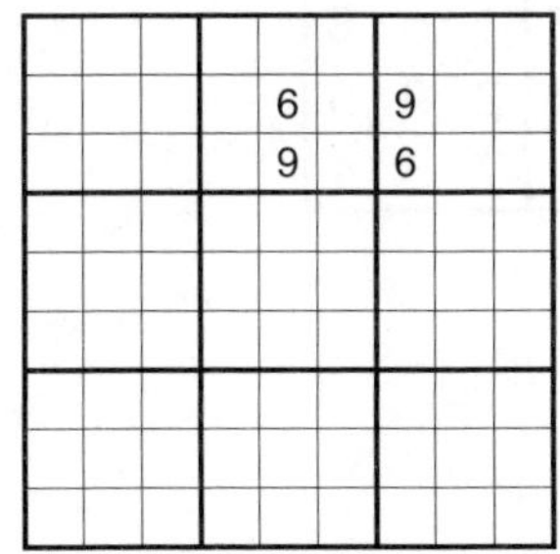

셀35에 8이 들어가지 않을 경우 정답 1

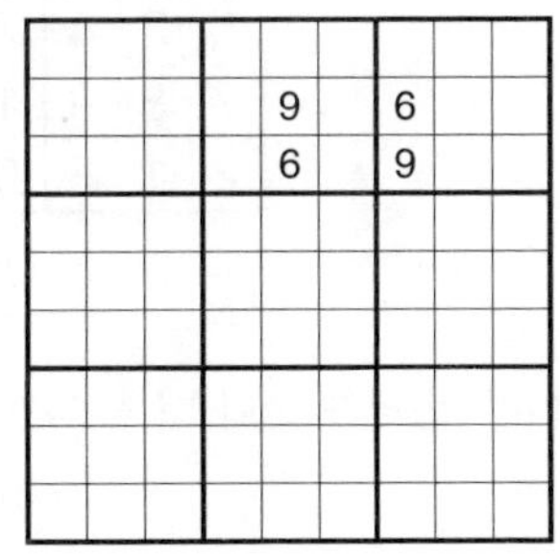

셀35에 8이 들어가지 않을 경우 정답 2

6	9	8	4	1	3	5	7	2
37	34	47	25	69	25	69	8	1
1	2	5	7	8	79	69	4	3
4	5	1	3	7	6	8	2	9
9	7	2	58	4	45	3	1	6
8	6	3	9	2	1	4	5	7
5	34	47	27	39	279	1	6	8
37	8	6	1	34	47	2	9	5
2	1	9	6	5	8	7	3	4

예17-3

8을 넣어보면 문제는 자동으로 풀리게 된다.

6	9	8	4	1	3	5	7	2
3	4	7	5	6	2	9	8	1
1	2	5	7	8	9	6	4	3
4	5	1	3	7	6	8	2	9
9	7	2	8	4	5	3	1	6
8	6	3	9	2	1	4	5	7
5	3	4	2	9	7	1	6	8
7	8	6	1	3	4	2	9	5
2	1	9	6	5	8	7	3	4

예17 정답

다른 문제를 하나 더 풀어보자.

우리가 알고 있는 해법들을 사용하고 나면 〈예18-1〉에서 풀이가 막혀버린다.

고도니언 직사각형이 어디에 있는지 찾을 수 있겠는가? X윙 유형과 달리 고도니언 직사각형은 손쉽게 찾을 수 있다. 한 박스 안의 로우 또는 컬럼에서 똑같은 형태의 2개짜리 후보숫자를 가지고 있는 셀 2개를 찾아라. 그런 다음 한쪽 꼭짓점에 이와 똑같은 짝이 하나 더 있고, 여기에 제3의 숫자가 더해진 셀이 직사각형의 마지막 꼭짓점을 이루고 있는지 살펴보자.

〈예18-1〉에서 셀11과 31은 고도니언 직사각형의 시작점을 이루고 있으며 셀36은 같은 짝을 가지고 있다. 하지만 이 조건을 충족하기 위해서는 셀16이 1과 9를 포함해 3개의 후보숫자로 되어 있어야 하는데 셀16은 이미 5라고 정해져 있으므로 고도니언 직사각형이 아니다. 셀95와 96 역시 고도니언 직사각형이 될 만한 시작점이지만, 컬럼5와 6에는 1과 8로 짝을 이루고 있는 셀이 없으므로 이것도 아니다.

이제 남은 것은 셀17과 18이다. 셀88은 같은 후보숫자를 2개 가지고 있으며 셀87에는 이 2개의 숫자에 다른 숫자가 하나 더 있으므로 고도니언 직사각형이 확실하다. 만약 셀87이 9가 아니라면 2개의 풀이가 나오게 되는데, 그런 일은 있을 수 없기 때문에 셀87에는 9가 들어가야 한다. 여기에 9를 넣고 나면 나머지 숫자들은 각각 제자리를 찾는다.

1	3	4	9	6	5	7	2	8
2	5	6	8	3	7	4	9	1
9	7	8	4	2	1	3	6	5
6	1	3	5	9	2	8	4	7
8	9	2	1	7	4	6	5	3
5	4	7	6	8	3	2	1	9
7	6	5	3	4	9	1	8	2
3	8	1	2	5	6	9	7	4
4	2	9	7	1	8	5	3	6

예18 정답

고도니언 직사각형 응용

			3		4	1		
3			2	9				6
7						3		
	6				3	2		
			7		5			
		7	1				4	
		2						5
6					1	9		8
		5	6		7			

예19

제3의 후보숫자가 있는 꼭짓점에 추가적인 후보숫자가 하나 더 들어 있는 경우도 있는데, 여기에서도 고도니언 직사각형을 응용할 수 있다. 앞의 〈예19〉가 그러한 경우이다. 기본적인 풀이법으로 문제를 풀어보면 〈예19-1〉이 된다.

89 59	6	3	7	4	1	58	2
3	45	48	2	9	1	578	578	6
7	2	1	8	5	6	3	9	4
15	6	48	9	48	3	2	15	7
2	14	9	7	468	5	68	1368	13
58	3	7	1	68	2	568	4	9
19	19	2	4	3	8	67	67	5
6	7	3	5	1	9	4	2	8
4	8	5	6	2	7	9	13	13

예19-1

셀58, 59, 98, 99를 보자. 셀58에 1이나 3이 들어가면 안 된다는 것은 이미 알고 있다. 그러므로 6인지 8인지는 아직 확실하지 않지만 둘 중 하나가 답이 되리라는 것은 알 수 있다. 셀58의 후보숫자에서 1과 3을 지우면 후보숫자가 같은 셀57과 짝을 이루게 된다. 즉, 셀57과 58 중 하나는 반드시 6이어야 하고 다른 하나는 반드시 8이어야 한다. 이는 셀55에 6이나 8이 들어갈 수 없음을 뜻하므로, 셀55는 4가 되어야 한다. 4를 적어 넣고 문제를 계속 풀어보자.

9	5	6	3	7	4	1	8	2
3	4	8	2	9	1	7	5	6
7	2	1	8	5	6	3	9	4
5	6	4	9	8	3	2	1	7
2	1	9	7	4	5	8	6	3
8	3	7	1	6	2	5	4	9
1	9	2	4	3	8	6	7	5
6	7	3	5	1	9	4	2	8
4	8	5	6	2	7	9	3	1

예19 정답

주의할 점

고도니언 직사각형을 찾을 때에는 박스 2개 안에 꼭짓점이 4개 있어야 한다는 점을 주의하라. 아래는 고도니언 직사각형이 아닌 경우다.

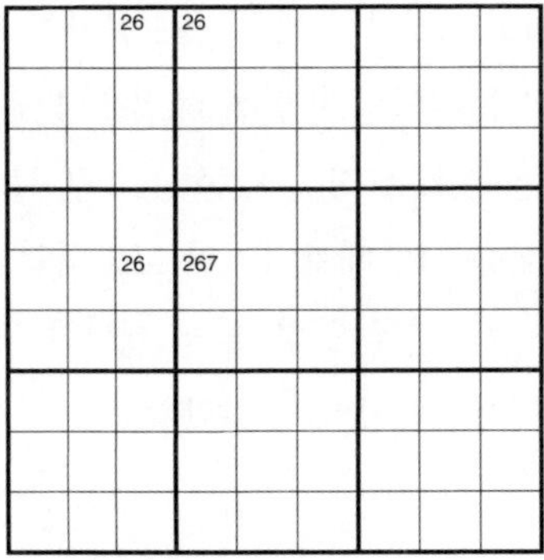

고도니언 직사각형이 아닌 경우

직사각형의 꼭짓점 4개가 각각 다른 박스에 있으므로 이 경우는 고도니언 직사각형이 아니다. 셀54에 반드시 7이 들어갈 필요는 없다. 물론 7이 될 수도 있지만, 그냥 2나 6이 들어갈 수도 있다. 다만 나머지 셀들이 다 채워지고 직사각형 꼭짓점의 숫자들이 바뀌지 않는다면 이 해법을 사용할 수 있다.

한 가지 염려되는 점은 이 풀이법 외에도 또 다른 해법이 있을 수 있다는 것이다. 당신이 풀고 있는 스도쿠의 답이 하나뿐이라는 것을 어떻게 확신하는가? 기술적으로 알아낼 방법이 없으며, 끝까지 풀리는 문제인지도 알 길이 없다. 신문에 실리는 스도쿠는 다음 날 단 하나의 답만 공개되며, 잡지나 책에도 답은 해답란에 하나만 실린다. 아마도 하나의 답만 가능한 문제를 만들기 위해 여러 번 확인하였을 것이다.

재미있는 사실은 특별한 해법이 필요한 문제인지 알아보려고 뭔가 다른 방법을 시도해보지 않는 한 프로그래머들조차 고도니언 직사각형이 들어간 문제는 테스트해볼 수 없다는 것이다. 'www.sudokusolver.co.uk'처럼 자동으로 문제를 풀어주는 온라인 웹사이트에서도 그 문제만의 특별한 해법을 찾을 수 없다. 스도쿠 제작자들이 자신들 손으로 직접 만든 스도쿠 문제를 확인해보려고 온라인 웹사이트를 사용해보았지만 고도니언 직사각형이 들어 있는 문제는 대개 풀리지 않았다.(앞서 제시한 문제 3개도 온라인 웹사이트의 프로그램에서는 풀리지 않았다.)

원사이드 고도니언 직사각형

고도니언 직사각형을 생각해내자 해법에 대한 아이디어가 계속 떠올랐다. 다음 문제를 보자.

					3		2	
			6	4				
	3	5		7		8		1
	9				7			2
3		2				1		9
1			2				7	
2		4		9		3	6	
				3	4			
	8		7					

예20

478	14	179	158	58	3	79	2	6
78	2	179	6	4	18	79	3	5
6	3	5	9	7	2	8	4	1
45	9	68	3	1	7	46	58	2
3	7	2	4	6	58	1	58	9
1	45	68	2	58	9	46	7	3
2	15	4	158	9	158	3	6	7
57	6	17	15	3	4	2	9	8
9	8	3	7	2	6	5	1	4

예20-1

고도니언 로직을 사용하지 않으면 〈예20-1〉에서 막혀버리고 만다. 〈예20-1〉을 보자. '원사이드 고도니언 직사각형one-sided gordonian rectangle'은 박스 2개에 셀 4개가 있는 형태로, 이때 한쪽 면의 셀 2개는 후보숫자 2개가 똑같이 들어 있고, 반대쪽 면의 셀 2개는 이 2개의 후보숫자에 각각 똑같은 제3의 숫자가 추가되어 있어야 한다. 셀13, 23, 17, 27이 바로 그것이다.

만약 셀13과 23이 둘 다 1을 포함하지 않는다고 가정하면, 셀13과 27에 7이 들어가고 셀23과 17에 9가 들어가거나, 아니면 셀13과 27에 9가 들어가고 셀23과 17에 7이 들어간다는 두 가지 해답이 가능해진다. 하지만 알다시피 스도쿠는 단 한 가지 해답만 존재하기 때문에, 셀13 또는 셀23 중 하나가 1을 가져야만 한다는 것을 알 수 있다. 그리고 이것은 셀83에 1이 들어갈 수 없다는 것을 뜻하므로, 셀83은 7이 되어야 한다. 그러고 나면 이제 이 문제는 공원을 산책하는 것처럼 쉽게 풀릴 것이다.

7	4	1	8	5	3	9	2	6
8	2	9	6	4	1	7	3	5
6	3	5	9	7	2	8	4	1
4	9	8	3	1	7	6	5	2
3	7	2	4	6	5	1	8	9
1	5	6	2	8	9	4	7	3
2	1	4	5	9	8	3	6	7
5	6	7	1	3	4	2	9	8
9	8	3	7	2	6	5	1	4

예20 정답

고도니언 다각형

고도니언 직사각형은 4개 이상의 면을 가진 형태에도 적용할 수 있다.

		8						
	6		8		4	9	3	
4					2	1		
2	9	3				4	5	
				4				
	4	1				3	6	9
		6	2					3
	8	4	5		9		2	
						8		

예21

기본적인 풀이법으로 〈예21-1〉까지 풀 수 있다.

(35)	2	8	(136)	9	(16)	(56)	7	4
1	6	(57)	8	(57)	4	9	3	2
4	(357)	9	(36)	(57)	2	1	8	(56)
2	9	3	(16)	(168)	(168)	4	5	7
6	(57)	(57)	9	4	3	2	1	8
8	4	1	7	2	5	3	6	9
9	(15)	6	2	(18)	(178)	(57)	4	3
(37)	8	4	5	(136)	9	(67)	2	(16)
(357)	(135)	2	4	(136)	(167)	8	9	(156)

예21-1

셀23, 25, 32, 35, 52, 53의 후보숫자들을 살펴보자. 셀32를 빼고는 모두 5와 7을 가지고 있으며, 셀32는 후보숫자로 3이 하나 더 있다.

이 셀들은 아래 그림처럼 각각의 로우, 컬럼, 박스마다 2개씩 꼭 짓점을 지니며 다각형 모양을 만들어낸다. 로우2, 3, 5에는 정확히 2개씩 꼭짓점이 있으며, 컬럼2, 3, 5와 박스1, 2, 4에도 정확히 2개씩 꼭짓점이 있다.

만약 셀32가 3이 아니라면, 이 6개의 셀들이 (셀32부터 시계방향으로) 5-7-5-7-5-7이 되는지 아니면 7-5-7-5-7-5가 되는지 판단하기 어려울 것이다. 따라서 셀32는 3이 되어야만 한다.

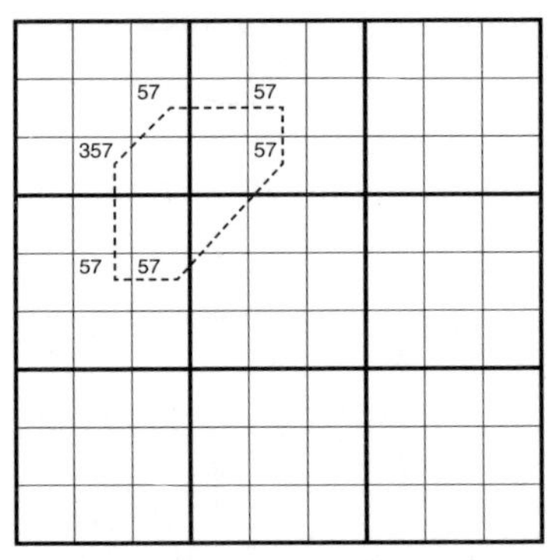

예21 고도니언 다각형

셀32에 3을 넣으면 이 문제는 단숨에 끝난다.

5	2	8	3	9	1	6	7	4
1	6	7	8	5	4	9	3	2
4	3	9	6	7	2	1	8	5
2	9	3	1	6	8	4	5	7
6	7	5	9	4	3	2	1	8
8	4	1	7	2	5	3	6	9
9	1	6	2	8	7	5	4	3
3	8	4	5	1	9	7	2	6
7	5	2	4	3	6	8	9	1

예21 정답

고도니언 다각형 응용

	2							
4					9			5
	8		3		5			2
9				8		1		
5	3		7		1		6	8
		6		5				9
6			9		4		8	
3			1					7
							4	

예22

고도니언 직사각형이 고도니언 직사각형 응용으로 확장됐듯이, 고
도니언 다각형도 고도니언 다각형 응용으로 확장된다. 이 형태에

서는 꼭짓점들이 모두 2개의 후보숫자를 가지는데, 그중 단 하나만 2개 이상의 후보숫자가 추가된다. 그리고 그 셀에 들어갈 수 있는 숫자는 다른 꼭짓점들에는 없는 후보숫자들로 좁혀진다. 앞의 〈예22〉를 살펴보자.

문제는 〈예22-1〉에서 막히게 된다.

17	2	5	8	1467	67	3469	39	346
4	6	3	2	17	9	8	17	5
17	8	9	3	46	5	46	17	2
9	47	247	6	8	23	1	5	34
5	3	24	7	9	1	24	6	8
8	1	6	4	5	23	7	23	9
6	57	17	9	237	4	235	8	13
3	459	48	1	26	68	2569	29	7
2	79	178	5	367	678	369	4	136

예22-1

이제 고도니언 다각형을 찾아보자. 후보숫자 2개가 반복적으로 나타나는 셀들을 찾으면 된다. 만약 그 셀들을 그 후보숫자 2개에 1개 이상의 다른 후보숫자가 더해진 셀과 연결할 수 있다면, 그리고 꼭짓점들이 로우, 컬럼, 박스에서 모두 2개씩 짝을 이루고 있다면 고도니언 다각형을 찾아낸 것이다. 〈예22-1〉에서는 숫자 1과 7이 후보숫자인 셀들이 두드러진다. 셀11, 31, 38, 28, 25를 셀15와 연결한다. 셀15는 후보숫자가 3개가 넘어서 고도니언 다각형 응용을 만드는 열쇠를 쥐고 있기 때문이다. 셀15에서 후보숫자 1

과 7을 없애면 4와 6이 남는데, 이들은 셀35의 후보숫자와 짝을 이루게 된다. 따라서 컬럼5에서 6은 셀15나 35에 들어가게 되며, 셀85에는 들어갈 수 없다. 즉, 셀85에는 2가 들어가게 된다. 이렇게 2를 넣고 나면 나머지는 쉽게 풀린다.

1	2	5	8	6	7	9	3	4
4	6	3	2	1	9	8	7	5
7	8	9	3	4	5	6	1	2
9	7	4	6	8	2	1	5	3
5	3	2	7	9	1	4	6	8
8	1	6	4	5	3	7	2	9
6	5	7	9	3	4	2	8	1
3	4	8	1	2	6	5	9	7
2	9	1	5	7	8	3	4	6

예22 정답

원사이드 고도니언 다각형

다음 문제는 어떨지 생각해보자.

	6			8				
		9	4	5			2	
	1		7			4	3	
		6						2
		7		2		6		
8						7		
	9	2			5		6	
	7			6	4	8		
				7			4	

예23

23	6	4	13	8	123	59	7	59
7	38	9	4	5	36	1	2	68
25	1	58	7	9	26	4	3	68
1359	345	6	159	34	7	59	8	2
1359	345	7	159	2	8	6	159	34
8	2	15	6	34	19	7	159	34
4	9	2	8	1	5	3	6	7
15	7	3	2	6	4	8	59	159
6	58	158	39	7	39	2	4	15

예23-1

　이 문제를 끝내려면 고도니언 로직을 사용해야 한다. 원사이드 고도니언 다각형은 셀42, 45, 52, 59, 65, 69에 있다. 이것은 셀42와 52의 두 꼭짓점이 3개의 후보숫자를 가지고 있다는 점만 빼면 고도니언 다각형과 같다. 이 둘 중 하나는 반드시 5가 되어야 하기 때문에 셀92에는 5가 들어갈 수 없음을 알 수 있다. 이제 파란 불이 들어왔고 속도를 내어 달리기만 하면 된다.

2	6	4	3	8	1	5	7	9
7	3	9	4	5	6	1	2	8
5	1	8	7	9	2	4	3	6
3	5	6	1	4	7	9	8	2
9	4	7	5	2	8	6	1	3
8	2	1	6	3	9	7	5	4
4	9	2	8	1	5	3	6	7
1	7	3	2	6	4	8	9	5
6	8	5	9	7	3	2	4	1

예23 정답

다양한 고도니언 유형

고도니언 로직의 원리를 한번 이해하고 나면, 답이 2개가 될 수 있는 상황에 부딪힐 때마다 이를 적용할 수 있다. 2개의 해답이 존재할 수 없음을 알고 있기 때문에 방해하는 후보숫자를 찾아낼 수 있을 것이다. 예를 두 가지 들어보겠다.

변형된 고도니언 직사각형

　변형된 고도니언 직사각형은 프랜시스 히니Francis Heaney에 의해 발견되어 '프랜시스칸 직사각형Franciscan Rectangle'이라고 불리기도 한다. 간략하게 설명해보겠다.

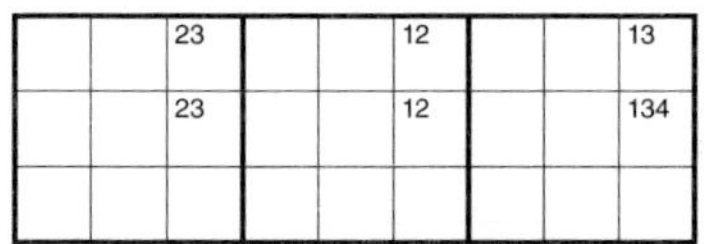

변형된 고도니언 직사각형

　우리는 이제 위 그림에서 후보숫자가 3개인 셀에 반드시 4가 들어가야 한다는 것을 알고 있다. 만약 4가 아니라면 다음 그림처럼 2개의 해답이 가능해야 한다. 하지만 해답은 1개만 가능하기 때문에, 후보숫자 1, 3, 4가 있는 셀에 1 또는 3이 들어가는 것은 불가능하다.

변형된 고도니언 직사각형에서 가능한 해답

이 형태 역시 변형된 원사이드 고도니언 직사각형으로 응용할
수 있다. 후보숫자가 1, 3인 셀을 1, 3, 4로 바꾸어보자. 그러면 4
는 1, 3, 4를 후보숫자로 가지는 두 셀 중 하나에 들어가야 하고,
그 컬럼의 다른 셀들에서 4를 없앨 수 있다.

〈예24〉는 변형된 고도니언 직사각형을 이용해야 하는 문제이다.

3						4		
	1	4		6	7			
		9			2		1	6
	3				8	9	4	
				5				
	9	2	6				7	
6	2		9			7		
			2	7		6	8	
		8						2

예24

3	6	5	8	9	1	4	2	7
2	1	4	(35)	6	7	8	(35)	9
(78)	(78)	9	(345)	(34)	2	(35)	1	6
1	3	6	7	2	8	9	4	5
(48)	(48)	7	1	5	9	2	6	3
5	9	2	6	(34)	(34)	1	7	8
6	2	(13)	9	8	(345)	7	(35)	(14)
9	(45)	(13)	2	7	(345)	6	8	(14)
(47)	(457)	8	(34)	1	6	(35)	9	2

예24-1

〈예24-1〉에서 막히고 만다.

셀31, 32, 51, 52, 91, 92를 보자. 셀92에 7이 들어가지 않는다면 4, 7, 8을 배열할 수 있는 방법으로 두 가지가 가능하게 된다. 따라서 셀92에는 반드시 5가 들어가야 한다는 결론을 얻을 수 있다. 덧붙여 이와 같은 문제에서는 변형된 원사이드 고도니언 직사각형은 셀73, 83, 76, 86, 79, 89에 도움이 되지 않는다. 셀76과 86 중에 5가 들어가지만, 어느 곳인지는 알 수 없다.

3	6	5	8	9	1	4	2	7
2	1	4	5	6	7	8	3	9
8	7	9	3	4	2	5	1	6
1	3	6	7	2	8	9	4	5
4	8	7	1	5	9	2	6	3
5	9	2	6	3	4	1	7	8
6	2	1	9	8	3	7	5	4
9	4	3	2	7	5	6	8	1
7	5	8	4	1	6	3	9	2

예24 정답

고도니언 직사각형 윙

이 해법은 고도니언 직사각형과 다음 장에서 배우게 될 XY윙을 결합한 것이라고 할 수 있다. 다음과 같은 상황에 마주쳤다고 해보자.

셀47, 48, 87, 88은 고도니언 직사각형의 한 종류이다. 셀47 또는 88에 3이 들어가야 한다는 것을 명확하게 알 수 있다. 만약 셀

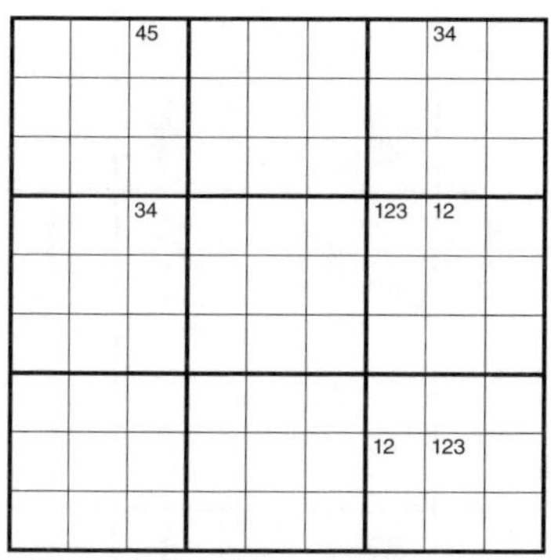

고도니언 직사각형 윙

47이 3이라면 셀43은 4가 되어야 하고, 그렇게 되면 셀13은 5가 될 것이다. 또 만약 셀88이 3이라면 셀18은 4가 되어야 하고, 이것 역시 셀13이 5가 된다. 따라서 3이 들어갈 곳이 셀47인지 88인지는 알지 못한다 하더라도 둘 중 하나에는 3이 들어가야 한다는 것을 알 수 있다. 그리고 어느 쪽이든 상관없이 셀13에 5가 들어간다는 결과는 동일하다.

물론 이와 같은 형태는 고도니언 다각형에서도 나타날 수 있다. 그 가능성은 거의 끝이 없다. 예를 들어 위 그림에서 만약 셀58, 68, 77, 97의 후보숫자 중에 3이 들어 있다면, 셀47, 48, 87, 88에서 두 가지 해답을 만들어낼 수 있으므로 3은 제거되어야 할 것이다.

<table>
<tr><td>7</td><td></td><td></td><td>1</td><td></td><td></td><td></td><td>2</td><td></td></tr>
<tr><td></td><td></td><td>5</td><td></td><td>7</td><td></td><td></td><td></td><td></td></tr>
<tr><td>8</td><td></td><td></td><td>2</td><td></td><td>4</td><td></td><td></td><td></td></tr>
<tr><td>6</td><td></td><td>1</td><td></td><td></td><td>8</td><td>3</td><td></td><td></td></tr>
<tr><td>5</td><td></td><td></td><td></td><td></td><td></td><td></td><td></td><td>2</td></tr>
<tr><td></td><td></td><td>7</td><td>9</td><td></td><td></td><td>4</td><td></td><td>5</td></tr>
<tr><td></td><td></td><td></td><td>6</td><td></td><td>1</td><td></td><td></td><td>4</td></tr>
<tr><td></td><td></td><td></td><td></td><td>8</td><td></td><td>2</td><td></td><td></td></tr>
<tr><td></td><td>9</td><td></td><td></td><td></td><td>2</td><td></td><td></td><td>6</td></tr>
</table>

<table>
<tr><td>4</td><td></td><td></td><td>6</td><td></td><td></td><td></td><td></td><td></td></tr>
<tr><td></td><td>8</td><td></td><td>9</td><td>1</td><td></td><td>3</td><td></td><td></td></tr>
<tr><td></td><td>9</td><td></td><td>5</td><td></td><td>8</td><td></td><td></td><td></td></tr>
<tr><td></td><td>3</td><td>6</td><td></td><td></td><td></td><td></td><td></td><td></td></tr>
<tr><td></td><td></td><td>7</td><td></td><td>4</td><td></td><td>5</td><td></td><td></td></tr>
<tr><td></td><td></td><td></td><td></td><td></td><td></td><td>2</td><td>3</td><td></td></tr>
<tr><td></td><td></td><td></td><td>4</td><td></td><td>6</td><td></td><td>9</td><td></td></tr>
<tr><td></td><td></td><td>4</td><td></td><td>5</td><td>2</td><td></td><td>6</td><td></td></tr>
<tr><td></td><td></td><td></td><td></td><td></td><td>1</td><td></td><td></td><td>8</td></tr>
</table>

075

3						7	6	
	5							
	1	7	9		2			
9		6		4	5			
		4				5		
			3	1		9		4
			2		7	1	8	
							3	
	7	1						2

076

8							4	
	6				9	7	2	
		2		7		8		
3			6				9	
6			2		8			5
	1				5			4
		4		5		3		
	8	6	7				1	
	3							6

077

	3	6			5			
					8		7	5
						2		
7			8		9			
8	1						9	7
			1		3			4
		9						
2	6		3					
			6			4	5	

078

			7		5			
		5		2		8		
	9		8		1		7	
9		2				3		5
	5						8	
3		1				6		4
	1		5		8		4	
		4		1		7		
			4		3			

079

					2			6
		6	4	7		3		
1		9						
9	4						8	
7		2		8		5		9
	5						1	7
						9		3
		8		6	7	1		
4			5					

080

		2	5					
	3			7				
	5			6		3	9	2
		1	4			5		
		3				9		
		4			1	6		
6	7	9		1			5	
				9			8	
					7	1		

081

		5	7			3		
3		2	8		6			
8				4				7
5						1		
	8		9		1		4	
		1						5
6				9				4
			2		4	8		3
		4			5	9		

082

9						3		8
	2		9	7		5		
		3					2	
				5	9			
1		2		6		7		3
			2	1				
	7					8		
		4		3	5		1	
5		8						2

						7	8	
			5	8				
8		3		4			9	
				7	5	9		3
3		4	1	2				
	1			9		2		8
				6	7			
	9	6						

				4	8	3	7	
3	2	6	7					
	8				6			
1				2		6		
	4						3	
		2		8				5
			6				5	
					4	1	8	2
	7	1	8	9				

연결고리 만들기, 색 이용하기

연결고리 만들기

흔치 않은 일이지만 정말 어려운 스도쿠 문제에서는 앞에서 배운 모든 방법들을 동원해보아도 좀처럼 풀리지 않을 때가 있다. 이런 문제에서는 결정적인 단서를 찾아내야 한다. 연결고리 만들기에서는 모든 가능성을 시험해보고 그것들이 모두 하나의 결과를 이끌어내는지 살핀다. 만약 결과가 하나라면 그것이 정답이다.

XY윙

XY윙은 다음과 같은 상황에서 나타난다.

XY윙

우리는 셀12에 X인지 Y인지는 알 수 없지만 둘 중 하나는 반드시 들어가야 한다는 것을 알고 있다. 두 가지 경우를 모두 시험해보고, 동그라미로 표시한 셀에 어떤 결과가 나오는지 살펴보자.

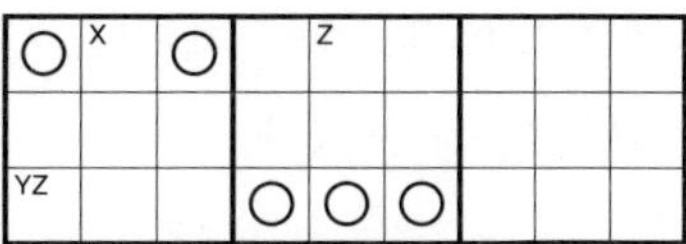

셀12에 X를 넣었을 경우

셀12에 Y를 넣었을 경우

셀12가 X일 경우, 셀15는 Z가 되고 동그라미를 친 셀에서 후보 숫자 Z가 제거된다. 셀12가 Y일 경우, 셀31은 Z가 되고 마찬가지로 동그라미를 친 셀에서 후보숫자 Z가 제거된다. 따라서 셀12에 무엇이 들어가든 상관없이 동그라미를 친 셀에서 Z를 제거할 수 있다. 이것이 'XY윙'이다.

				2	7	8		
		3	5					2
5	2							4
							6	8
		8		4		7		
1	5							
6							3	1
2					5	4		
		7	3	9				

예25

<예25>는 XY윙 풀이법이 필요한 문제이다. 지금까지 배운 방법을 쓰면 <예25-1>과 같이 풀 수 있다.

49	1469	1469	169	2	7	8	5	3
78	78	3	5	16	4	169	19	2
5	2	169	1689	1368	13689	16	7	4
3479	479	249	129	5	139	123	6	8
39	69	8	1269	4	1369	7	12	5
1	5	26	7	368	368	23	4	9
6	89	5	4	7	28	29	3	1
2	3	19	168	168	5	4	89	7
48	148	7	3	9	128	5	28	6

예25-1

이쯤에서 XY윙을 3개 찾을 수 있다.

(1) 먼저 셀72, 77, 98의 XY윙이다. 이 셀들의 후보숫자는 각각 8과 9, 2와 9, 2와 8이다. 셀77에 2를 넣든 9를 넣든 상관없이, 셀91과 92 어느 곳에도 8이 들어갈 수는 없다. 만약 셀77이 2라면, 셀98은 8이 되고 셀91과 92의 후보숫자에서 8이 없어지게 된다. 반대로 셀77이 9라면, 셀72는 8이 되어야 하고 마찬가지로 셀91과 92의 후보숫자에서 8이 없어진다. 셀77에 어떤 숫자가 오든 상관없이, 즉 2가 되든 9가 되든 상관없이, 셀91과 92에는 8이 들어갈 수 없는 셈이다. 이렇게 8을 없애고 나면 셀91에 4가 들어가게 된다.

(2) 셀76, 77, 88의 XY윙을 보자. 이 셀들의 후보숫자는 각각 2

와 8, 2와 9, 8과 9이다. 셀77에 2를 넣든 9를 넣든 상관없이 셀84 나 85에는 8이 들어갈 수 없으므로 셀84와 85에서 후보숫자 8을 없앨 수 있다. 이렇게 되면 로우8에서 8이 들어갈 수 있는 셀은 셀 88뿐이다.

(3) 셀11, 91, 72도 XY윙을 이룬다. 이 셀들의 후보숫자는 각각 4와 9, 4와 8, 8과 9이다. 셀91에 4와 8 중 어떤 숫자가 들어가더 라도 셀12에는 9가 들어갈 수 없으므로 셀12에서 후보숫자 9를 없앨 수 있다.

두 번째 XY윙을 쓰면 기본적인 방법만으로 해답을 구할 수 있다.

9	6	4	1	2	7	8	5	3
8	7	3	5	6	4	1	9	2
5	2	1	8	3	9	6	7	4
7	4	2	9	5	1	3	6	8
3	9	8	2	4	6	7	1	5
1	5	6	7	8	3	2	4	9
6	8	5	4	7	2	9	3	1
2	3	9	6	1	5	4	8	7
4	1	7	3	9	8	5	2	6

예25-1

XYZ윙

XYZ윙을 설명할 때에는 '버디스'라는 용어를 사용하는 것이 가 장 수월하므로, 버디스가 무엇인지 다시 기억을 떠올려보기로 하 자. 버디스는 로우, 컬럼, 박스를 공유하고 있는 셀들을 말한다. 즉 셀43의 버디스는 13, 23, 33, 41, 42, 44, 45, 46, 47, 48, 49, 51, 52, 53, 61, 62, 63, 73, 83, 93이다. 모든 셀은 20개의 버디스를 가진다.

　XYZ윙에서는 XYZ를 후보숫자로 가지는 셀, 그리고 XZ와 YZ를 후보숫자로 가지고 있는 버디스를 찾아본다. XYZ, XZ, YZ의 3개를 모두 버디스로 삼는 셀에는 Z가 들어갈 수 없다. 〈예26〉을 풀어보자.

7								5
2	1	6		5			7	
				9			6	
1		8	2					
9		3				4		1
					4	3		9
	6			4				
	7			6		5	3	4
3								8

예26

　〈예26-1〉까지 풀면 XYZ윙이 나타난다. 서로 관련 있는 셀 3개가 XY, XZ, YZ가 아니라 XYZ, XZ, YZ의 꼴로 후보숫자를 가지고 있다는 점을 제외하고는 XY윙과 매우 비슷한 형태이다. 셀54, 56, 94는 XYZ윙을 이루고 있다. 셀54에 5나 6, 또는 7이 들어가든 상관없이 셀64는 5가 될 수 없다.

7 (38)	9	(136)	(12)	(26)	(18)		4	5
2	1	6	4	5	8	9	7	3
4 (38)	5	(13)	9	7	(18)		6	2
1	4	8	2	3	9	7	5	6
9 (25)	3	(567)	(78)	(56)		4 (28)		1
6 (25)	7	(15)	(18)		4	3 (28)		9
5	6	1	8	4	3	2	9	7
8	7	2	9	6	1	5	3	4
3	9	4	(57)	(27)	(25)	6	1	8

예26-1

7	3	9	6	1	2	8	4	5
2	1	6	4	5	8	9	7	3
4	8	5	3	9	7	1	6	2
1	4	8	2	3	9	7	5	6
9	2	3	5	7	6	4	8	1
6	5	7	1	8	4	3	2	9
5	6	1	8	4	3	2	9	7
8	7	2	9	6	1	5	3	4
3	9	4	7	2	5	6	1	8

예26 정답

긴 연결고리

XY윙이나 XYZ윙은 두 가지 가능성 모두 같은 결과를 이끌어낸다. 그런데 이보다 더 복잡한 문제도 있다. 예를 한번 보자.

	5	1		6				9
				1				
			5			7	8	
		5					9	
	2		6	4	8		1	
	1					2		
	4	7			2			
				5				
9				3		8	4	

예27

〈예27-1〉까지 풀고 나서 막혔을 것이다.

8	5	1	7	6	34	34	2	9
2	7	34	8	1	9	6	5	34
34	9	6	5	2	34	7	8	1
6	38	5	2	7	1	34	9	348
37	2	9	6	4	8	5	1	37
47	1	48	3	9	5	2	6	78
5	4	7	9	8	2	1	3	6
1	38	38	4	5	6	9	7	2
9	6	2	1	3	7	8	4	5

예27-1

셀51에 만약 3을 넣는다면, 셀31에는 4가 들어가야 하며, 셀23에는 3, 셀29에는 4가 들어가야 한다. 다시 셀51로 돌아가서, 만약 7을 선택한다면 셀59에는 3이, 셀29에는 4가 들어가야 한다.

따라서 어떤 경우라도 셀29는 4가 되어야만 한다. 이제부터는 쉽게 마무리할 수 있을 것이다.

8	5	1	7	6	4	3	2	9
2	7	3	8	1	9	6	5	4
4	9	6	5	2	3	7	8	1
6	8	5	2	7	1	4	9	3
3	2	9	6	4	8	5	1	7
7	1	4	3	9	5	2	6	8
5	4	7	9	8	2	1	3	6
1	3	8	4	5	6	9	7	2
9	6	2	1	3	7	8	4	5

예27 정답

한편, 넣을 수 있는 숫자가 없게 되는 연결고리도 있다.

	7			6	8			
6					9	7		
			7				3	
5		2	4					
4			8		3			2
					5	9		8
	4			1				
		5	6					4
			3	2			9	

예28

〈예28-1〉을 보자. 문제를 거의 다 풀어가는 상황이다.

13	7	13	5	6	8	4	2	9
6	2	4	1	3	9	7	8	5
89	5	89	7	4	2	1	3	6
5	8	2	4	9	6	3	7	1
4	19	19	8	7	3	6	5	2
7	36	36	2	1	5	9	4	8
2	4	7	9	5	1	8	6	3
39	39	5	6	8	7	2	1	4
18	16	168	3	2	4	5	9	7

예28-1

셀13에 1을 선택하면 셀11에는 3이 들어가게 되며, 셀53에 9,
셀33에 8, 셀31에 9로 이어지게 된다. 하지만 그러면 셀81에는
넣을 수 있는 숫자가 없어지기 때문에 막다른 골목에 다다르게 된

1	7	3	5	6	8	4	2	9
6	2	4	1	3	9	7	8	5
9	5	8	7	4	2	1	3	6
5	8	2	4	9	6	3	7	1
4	1	9	8	7	3	6	5	2
7	3	6	2	1	5	9	4	8
2	4	7	9	5	1	8	6	3
3	9	5	6	8	7	2	1	4
8	6	1	3	2	4	5	9	7

예28 정답

다. 따라서 셀11에서 1을 배제할 수 있으며, 거기에 3을 넣으면 문제를 끝낼 수 있게 된다.

또 어떤 연결고리에서는 특정한 숫자를 넣을 곳이 전혀 없을 때도 있다.

	2		6			9		1
	6				9			7
					8		6	3
			8				3	
4								5
	5				2			
5	3		1					
7			2				1	
1		4			6		9	

예29

(38)	2	5	6	(34)	7	9	(48)	1
(38)	6	1	(34)	2	9	(48)	5	7
9	4	7	5	1	8	2	6	3
2	(17)	9	8	(45)	(15)	(47)	3	6
4	(17)	(38)	9	6	(13)	(78)	2	5
6	5	(38)	(347)	(347)	2	1	(48)	9
5	3	2	1	9	4	6	7	8
7	9	6	2	8	(35)	(35)	1	4
1	8	4	(37)	(357)	6	(35)	9	2

예29-1

풀 수 있는 만큼 풀면 〈예29-1〉과 같이 된다. 만약 셀27에 4를 넣으면 셀18에 8이 들어가게 되며, 셀11에 3, 셀15에 4로 이어진다. 그렇게 되면 이제 로우4에는 4를 넣을 수 있는 곳이 하나도 없게 된다. 그러므로 셀27에 4가 아니라 8을 넣어야 한다. 끝날 수 없을 것 같던 문제가 간단한 논리적 연결고리를 통해 쉽게 풀렸다.

8	2	5	6	3	7	9	4	1
3	6	1	4	2	9	8	5	7
9	4	7	5	1	8	2	6	3
2	7	9	8	5	1	4	3	6
4	1	8	9	6	3	7	2	5
6	5	3	7	4	2	1	8	9
5	3	2	1	9	4	6	7	8
7	9	6	2	8	5	3	1	4
1	8	4	3	7	6	5	9	2

예29 정답

색 이용하기

색 이용하기에서는 숫자 하나를 골라 주변에 그 숫자가 채워지는지 따라가며 확인한다. 일종의 '참 거짓 테스트'라고 보면 된다. 한 셀에서 후보숫자 하나를 골라 그 셀에 들어갈 숫자가 맞다고 가정한 후 이를 참이라고 하자. 그런 다음, 같은 숫자가 그 셀의 버디스에 다시 나타난다면 이 두 번째 셀은 거짓이 되는 것이다. 이 방법은 주변의 숫자들도 참 또는 거짓이 되도록 하므로, 만약 이렇게 하여 모순점이나 불가능한 결과에 도달하게 된다면 처음 시작했던 셀에서 점찍었던 후보숫자를 하나씩 안전하게 제거하면 된다.

　이 방법을 쓸 때 색깔을 이용하면 쉽게 시각화할 수 있다. 예를 들어 '참' 부분의 셀에 파란색을 칠했다면 '거짓' 셀들은 빨간색으로 칠하는 것이다. 그리고 매우 고난도의 색 이용하기 기술에서는 세 번째 색깔을 추가하여 특정 셀에 들어갈 수 있는 숫자인지 여부를 표시하는 데 사용하기도 한다.(이것 또한 '참-거짓 테스트'로 쓸 수 있다.)

터보트피시

　터보트피시Turbot fish는 색 이용하기의 기본적인 기술이다. 터보트피시를 이루려면 셀 5개가 필요한데, 2쌍은 같은 로우에, 2쌍은 같은 컬럼에 위치해 있어야 하며, 셀 5개 중 2개는 같은 박스에 들어 있어야 한다. 또한 이때 특정한 숫자가 들어갈 수 있는 쌍이 3

<table>
<tr><td></td><td>1</td><td>3</td><td>5</td><td></td><td>8</td><td>9</td><td></td><td></td></tr>
<tr><td></td><td></td><td></td><td></td><td></td><td>9</td><td></td><td></td><td></td></tr>
<tr><td>2</td><td></td><td>8</td><td></td><td>4</td><td></td><td></td><td></td><td></td></tr>
<tr><td></td><td>6</td><td></td><td></td><td></td><td></td><td>4</td><td></td><td>5</td></tr>
<tr><td></td><td></td><td>4</td><td></td><td></td><td></td><td>3</td><td></td><td></td></tr>
<tr><td>1</td><td></td><td>5</td><td></td><td></td><td></td><td></td><td>8</td><td></td></tr>
<tr><td></td><td></td><td></td><td></td><td>1</td><td></td><td>8</td><td></td><td>6</td></tr>
<tr><td></td><td></td><td></td><td>2</td><td></td><td></td><td></td><td></td><td></td></tr>
<tr><td></td><td></td><td>2</td><td>8</td><td></td><td>4</td><td>7</td><td>9</td><td></td></tr>
</table>

예30

47	1	3	5	267	8	9	467	247
457	457	6	137	237	9	12	347	8
2	9	8	1367	4	1367	16	5	37
3789	6	79	1379	3789	2	4	17	5
789	278	4	1679	56789	1567	3	167	279
1	237	5	4	3679	367	26	8	279
34579	3457	79	379	1	357	8	2	6
6789	78	1	2	679	67	5	34	34
356	35	2	8	356	4	7	9	1

예30-1

개 또는 4개 있어야 한다. 만약 그런 쌍이 2개 있을 경우에는 서로 셀을 공유하지 않아야 한다.

여기에서는 터보트피시를 2개 찾을 수 있다.

(1) 셀34, 37, 54, 58, 67이 터보트피시를 이루고 있다.(셀54에서 34, 37, 67, 58을 지나는 선을 그리고 다시 54로 되돌아가면 왼쪽으로 헤엄치고 있는 물고기 같은 모양이 생기는데, 여기에서 '가자미'라는 뜻의 터보트피시라는 이름이 지어졌다.) 여기에서 셀34와 37, 셀37과 67, 셀67과 58, 셀58과 54, 셀54와 34가 서로 쌍을 이루는데, 이 중 셀37과 67, 셀67과 58, 셀54와 34의 3개는 그 컬럼이나 박스에 6이 들어갈 수 있으므로 터보트피시의 조건을 충족한다. 만약 셀37이 6이라면 셀34와 셀67은 6이 아니고, 셀58이 6이되며, 셀54는 6이 아니다. 하지만 이렇게 되는 것은 불가능하다. 컬럼4에 6이 하나도 들어가지 않기 때문이다. 따라서 셀37에는 6이 들어가지 못하며, 결국 이것은 셀67이 반드시 6이 되어야 함을

의미한다.

(2) 셀18, 34, 37, 54, 58도 터보트피시이다.(이것은 그다지 가자미 모양 같지 않지만.) 로우에 있는 쌍들이 각기 6이 들어갈 수 있고, 이로써 터보트피시의 요건인 3개의 면을 가지므로 문제 풀기에 충분하다. 만약 셀58이 6이라면 셀54와 18은 6이 아니며, 셀37은 6이 되고, 셀34는 6이 아니다. 하지만 이렇게 되면 컬럼4에 6이 아무 데에도 들어가지 않게 된다. 그러므로 6은 셀58이 아니라 셀18에 들어감을 알 수 있다.

이제 이 두 가지 해법 중 하나로 문제를 유유히 끝낼 수 있다.

7	1	3	5	2	8	9	6	4
5	4	6	1	7	9	2	3	8
2	9	8	3	4	6	1	5	7
3	6	9	7	8	2	4	1	5
8	2	4	6	5	1	3	7	9
1	7	5	4	9	3	6	8	2
4	3	7	9	1	5	8	2	6
9	8	1	2	6	7	5	4	3
6	5	2	8	3	4	7	9	1

예30 정답

색을 이용한 다른 방법

다음 문제에서는 8을 자세히 살펴보자.

		9					4	
	7	2		5	3			
		6		4			3	7
				9	6			1
			1		4			
1			5	7				
7	2			1		4		
			6	3		7	8	
	6					9		

예31

아래 상황에서 멈추게 된다.

358	38	9	7	6	1	2	4	58
4	7	2	8	5	3	1	69	69
58	1	6	2	4	9	58	3	7
2	58	4	3	9	6	58	7	1
6	589	7	1	28	4	3	259	589
1	389	38	5	7	28	6	29	4
7	2	358	9	1	58	4	56	356
9	4	1	6	3	25	7	8	25
38	6	358	4	28	7	9	1	235

예31-1

만약 셀12가 8이라면 셀19는 8이 아니고, 셀63이 8이 된다. 또한 셀66은 8이 아니고, 셀55가 8이 되며, 셀59는 8이 아니게 된다. 하지만 이 경우 컬럼9에 8이 하나도 없게 되므로 셀12는 8이 아니라 3이 되어야 한다. 3을 넣고 나면 이 문제는 식은 죽 먹기다.

5	3	9	7	6	1	2	4	8
4	7	2	8	5	3	1	9	6
8	1	6	2	4	9	5	3	7
2	5	4	3	9	6	8	7	1
6	8	7	1	2	4	3	5	9
1	9	3	5	7	8	6	2	4
7	2	8	9	1	5	4	6	3
9	4	1	6	3	2	7	8	5
3	6	5	4	8	7	9	1	2

예31 정답

186~191쪽에 있는 문제들은 XY윙, XYZ윙, 터보트피시 풀이법을 사용하여 풀어야 하며, 마지막 96번은 색 이용하기로 풀어야 한다.

스도쿠 웹사이트

스도쿠는 인터넷에서 쉽게 찾을 수 있다. 구글에서 '스도쿠'라고 치기만 하면 수백만 개가 검색된다. 그중에서 흥미로운 사이트들을 소개한다.

www.sudoku.com

전 세계에 스도쿠 열풍을 불러일으킨 웨인 굴드의 웹사이트. 스도쿠 게이머들의 토론장, 스도쿠 대회에 참여할 수 있으며, 스도쿠 프로그램도 살 수 있다.

www.websudoku.com

무료 스도쿠 사이트. 네 가지 레벨(easy, medium, hard, evil)로 되어 있으며, 온라인상에서 풀 수도 있고 프린트도 가능하다.

www.sudokusolver.com

문제가 풀리지 않을 때 도움을 받을 수 있는 사이트. 문제를 입력하면 정답은 물론이고 풀이 과정에 대한 증명도 단계별로 보여준다. 단, 고도니언 로직을 써야 하는 문제처럼 어려운 문제에서는 'allow guess-and-check(추측-확인 허용)' 옵션을 클릭해야 하거나, 문제를 끝마칠 수 없게 된다. 이런 경우에는 단계별 설명이 그다지 도움이 되지 않는다.

www.arxiv.org/abs/cs.DS/0507053

다음 장 〈이중위치와 이중값 그래프〉에서 설명할 데이비드 엡스타인David Eppstein 교수의 논문이 실린 사이트.

www.en.wikipedia.org/wiki/Sudoku

위키피디아의 스도쿠 항목. 스도쿠에 관한 흥미로운 사실들이 많이 실려 있다.

www.worldpuzzle.org/championships/wsc

2006년 3월 이탈리아 루카에서 개최된 제1회 '월드 스도쿠 챔피언십(World Sudoku Championship, 약칭 WSC)' 사이트. 체코의 경제학자 야나 틸로바Jana Tylova가 우승했고, 하버드 대학원생 토머스 스나이더Thomas Snyder와 구글의 소프트웨어 기술자 웨이화 황Wei-Hwa Huang이 2등과 3등을 차지했다. 2007년 2회는 체코의 프라하에서, 2008년 3회는 인도의 고아에서 열렸다. 만약 자신이 정말 문제를 빨리 풀 수 있다고 자신한다면 이 사이트에 들어가 다음 대회 일정을 확인해보자.

www.sudoku.org.uk

스도쿠에 관한 모든 것을 담은 영국 사이트.(영국에서는 스도쿠가 미국에서 폭발적으로 확산되기 이전부터 대중적인 인기를 누려왔다.) 갖가지 까다로운 스도쿠, 스도쿠 책, 기사, 컴퓨터 프로그램, 열띤 토론 공간을 만날 수 있다.

www.angusj.com/sudoku

스도쿠 문제뿐 아니라, 후보숫자를 적어주어 문제 풀이를 도와주는 프로그램을 무료로 다운받을 수 있다.

085

		7	6				2	
5					4			
4		9	8				7	
6	4							
		8				9		
							5	8
	1			9	8			2
		4						1
	2				3	4		

086

	4		9			2		
	6	7						
				3	6			
	5	3	2			4		7
8		4			9	1	6	
			4	8				
						3	5	
		1			5		9	

087

4					8			7
	8							
3			1	9	5			
	2	5		1		8		
		1		3		5	6	
			8	4	9			2
							5	
2			7					3

088

5		1		2				
			9	6		3		
	3		4			2		
2		3					1	
6		4				8		7
	7					6		2
		6			5		2	
		2		4	9			
				3		7		9

089

		1	5	9		6		
5		6		1				
	4						1	
	9					2	7	
6				2				1
	8	3					5	
	6						8	
				5		7		2
		2		7	4	3		

090

				9				2
7	1	9						
			5		7			
9	8		1	2			3	
	3						5	
	4			8	3		2	1
			6		4			
						7	8	6
2				3				

091

4					9	5	3	7
8	5					4		
		7						2
7				2		6		
			6	4	7			
		2		1				9
9						2		
		3					7	8
2	7	8	5					6

092

2	7			9				
8			2				9	
	6		3			4		
					5			3
	8	3				7	5	
1			4					
		2			9		6	
	4				8			2
				2			3	5

<table>
<tr><td></td><td>1</td><td></td><td></td><td>8</td><td></td><td></td><td>7</td><td>9</td></tr>
<tr><td>3</td><td>9</td><td></td><td></td><td></td><td></td><td></td><td></td><td></td></tr>
<tr><td>6</td><td></td><td></td><td>9</td><td>7</td><td></td><td>1</td><td></td><td></td></tr>
<tr><td></td><td></td><td>1</td><td></td><td></td><td>7</td><td></td><td></td><td></td></tr>
<tr><td>4</td><td></td><td></td><td></td><td>6</td><td></td><td></td><td></td><td>7</td></tr>
<tr><td></td><td></td><td></td><td>3</td><td></td><td></td><td>5</td><td></td><td></td></tr>
<tr><td></td><td></td><td>6</td><td></td><td>9</td><td>4</td><td></td><td></td><td>8</td></tr>
<tr><td></td><td></td><td></td><td></td><td></td><td></td><td></td><td>5</td><td>2</td></tr>
<tr><td>8</td><td>5</td><td></td><td></td><td>3</td><td></td><td></td><td>9</td><td></td></tr>
</table>

<table>
<tr><td></td><td></td><td>7</td><td></td><td></td><td>9</td><td></td><td></td><td>6</td></tr>
<tr><td></td><td>5</td><td></td><td></td><td></td><td>8</td><td></td><td></td><td></td></tr>
<tr><td></td><td></td><td></td><td></td><td></td><td>3</td><td>4</td><td>7</td><td></td></tr>
<tr><td>1</td><td></td><td></td><td></td><td></td><td>6</td><td>8</td><td>4</td><td>5</td></tr>
<tr><td></td><td></td><td></td><td></td><td></td><td></td><td></td><td></td><td></td></tr>
<tr><td>4</td><td>8</td><td>2</td><td>9</td><td></td><td></td><td></td><td></td><td>1</td></tr>
<tr><td></td><td>7</td><td>4</td><td>6</td><td></td><td></td><td></td><td></td><td></td></tr>
<tr><td></td><td></td><td></td><td>3</td><td></td><td></td><td></td><td>2</td><td></td></tr>
<tr><td>5</td><td></td><td></td><td>8</td><td></td><td></td><td>9</td><td></td><td></td></tr>
</table>

095

		3			4	2	9	
7				7	9	3		
			8	3				1
	4		6	9				
3	9						8	2
				8	2		4	
7				5	1			
		1	3	6				
	3	6	9			1		

096

					7			
			5				2	9
4				3		7		6
	9				4		3	5
	2		6		3		9	
3	1		7				4	
2		6		7				8
7	4				5			
			2					

이중위치와 이중값 그래프

이중위치 그래프

이중위치 그래프에서는 특정한 로우, 컬럼, 또는 박스에서 해당 셀 이외에는 들어갈 수 없는 후보숫자들을 가진 셀들로 그래프를 만들 수 있다.

반복되지 않는 이중위치의 순환

반복되지 않는 이중위치의 순환을 찾아보자. 우선 임의의 셀에서 출발하여, 같은 로우나 컬럼, 또는 박스에 있는 셀로 이동한다. 이때 그 로우나 컬럼, 박스 안에서 특정한 후보숫자를 지니는 셀은 이 2개의 셀, 즉 출발한 셀과 이동해온 셀뿐이어야 한다. 그런 다음 이동해온 셀에서 다시 후보숫자를 골라, 같은 로우나 컬럼 또는 박스에 있는 새로운 셀을 찾는다. 맨 처음에 출발했던 셀로 되돌아올 때까지 이를 계속하면 반복되지 않는 이중위치의 순환을 찾을 수 있다.

다음 문제를 풀어보자.

			7		1			4
1		4	2			5		3
				3		6		
		8			9	7	6	
	9	5	1				8	
		1		2				
3		6			5	4		9
8			4		3			

예32

56	3568	39	7	569	1	2	89	4
1	67	4	2	69	8	5	79	3
579	58	2	59	3	4	6	1	78
2	134	8	35	45	9	7	6	15
67	136	37	356	8	2	9	4	15
46	9	5	1	47	67	8	3	2
4579	45	1	69	2	67	3	58	78
3	27	6	8	1	5	4	27	9
8	25	79	4	79	3	1	25	6

예32-1

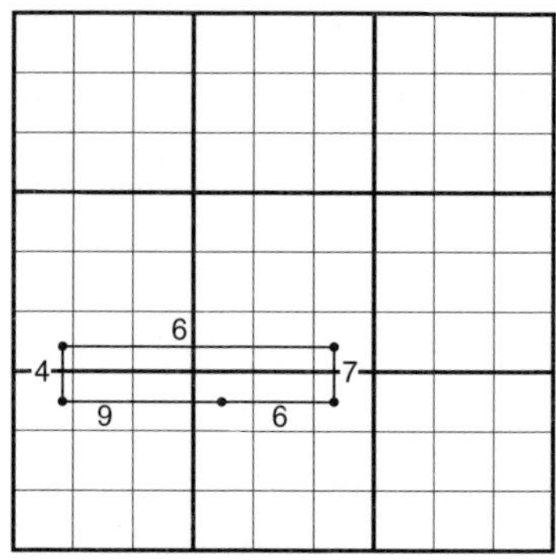

반복되지 않는 이중위치의 순환

위 그림에서 셀61과 66이 6으로 연결되어 있다. 이 두 셀 중 하나에는 6이 있어야 하기 때문이다. 마찬가지로 셀66과 76 중 하나에는 7이, 6으로 연결된 셀76과 74 중 하나에는 6이 있어야 한다. 또한 9로 연결된 셀74와 71 중 하나에는 9가, 4로 연결된 셀71과 61 중 하나에는 4가 있어야 한다. 즉, 완전히 순환하는 구조이며, 교점을 이루는 셀(셀61, 66, 76, 74, 71)에서 양쪽의 숫자가 서로 겹치지 않는다.

이 5개의 셀들을 살펴보자. 셀61부터 시계방향으로 4-6-7-6-9 또는 6-7-6-9-4의 순서로 돌아갈 것이다. 이는 셀71에 4나 9 중 하나가 들어가야 한다는 것을 뜻하므로, 셀71의 후보숫자에서 5와 7을 없앨 수 있다. 이렇게 되면 컬럼1에서는 5가 반드시 셀11이나 31에 들어가야 하므로, 상호작용에 따라 셀32는 5가 될 수 없다. 이제 마치 마법처럼 셀32에서 후보숫자 5를 지우고 8을 집어넣어 문제를 끝마칠 수 있다.

6	3	9	7	5	1	2	8	4
1	7	4	2	6	8	5	9	3
5	8	2	9	3	4	6	1	7
2	1	8	3	4	9	7	6	5
7	6	3	5	8	2	9	4	1
4	9	5	1	7	6	8	3	2
9	4	1	6	2	7	3	5	8
3	2	6	8	1	5	4	7	9
8	5	7	4	9	3	1	2	6

예32 정답

반복되는 이중위치의 순환

반복되는 이중위치의 순환은 교점의 숫자가 중복되는 것이 하나 있다는 것을 빼고는 반복되지 않는 이중위치의 순환과 똑같다.

8				1			6	9
	4				3			
	6	1	5			8		
3	1	6		4				
				9		1	7	3
		7			6	4	1	
			3				8	
6	8			7				2

예33

문제를 풀어보면 아래와 같은 모양이 된다.

8	²⁵	3	⁴⁷	1	⁴⁷	²⁵	6	9
⁵⁹	4	²⁹	8	6	3	7	²⁵	1
7	6	1	5	2	9	8	3	4
3	1	6	²⁷	4	⁵⁷	9	²⁵	8
⁵⁹	7	⁸⁹	¹²	3	¹⁵⁸	²⁵	4	6
4	²⁵	²⁸	6	9	⁵⁸	1	7	3
2	3	7	9	8	6	4	1	5
1	9	4	3	5	2	6	8	7
6	8	5	¹⁴	7	¹⁴	3	9	2

예33-1

이쯤에서 이중위치 그래프를 하나 찾을 수 있다.

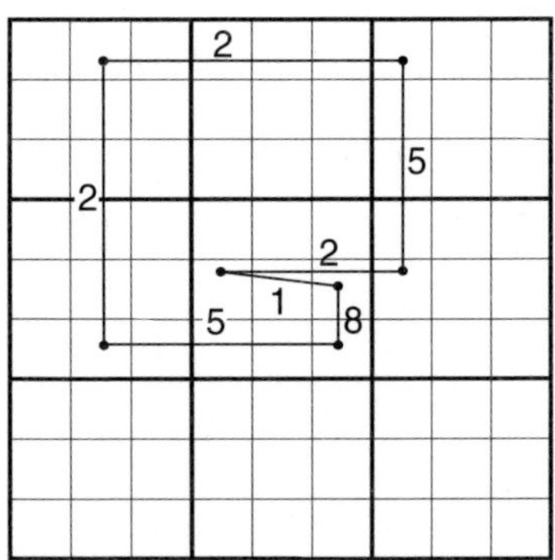

반복되는 이중위치 그래프

　이 그래프는 완전한 순환을 이룬다. 선 위에 씌어 있는 숫자는 두 교점 중 한 곳에 들어가야 한다. 예를 들어 8은 반드시 셀56이나 셀66 중 한 곳에는 들어가야 한다.

　이제 맨 위 왼쪽부터 따져보자. 셀12는 양쪽에 2를 가지고 있는데, 만약 셀12에 2가 들어가지 않는다면 셀17과 62가 2가 될 것이다. 그런데 그렇게 되면 이 그래프가 들어맞지 않게 된다. 5는 셀57과 66으로 들어가고, 이로 인해 셀54는 2, 셀56은 8이 되며, 결국 셀54와 56에만 들어갈 수 있는 1을 위한 공간이 없어지기 때문이다. 따라서 셀12는 반드시 2가 되어야만 한다. 이제부터는 쉽게 풀 수 있을 것이다.

8	2	3	7	1	4	5	6	9
5	4	9	8	6	3	7	2	1
7	6	1	5	2	9	8	3	4
3	1	6	2	4	7	9	5	8
9	7	8	1	3	5	2	4	6
4	5	2	6	9	8	1	7	3
2	3	7	9	8	6	4	1	5
1	9	4	3	5	2	6	8	7
6	8	5	4	7	1	3	9	2

예33 정답

이중값 그래프

이중값 그래프는 훨씬 찾기 쉽다. 후보숫자가 2개씩 들어 있는 셀들을 순환하되, 숫자가 반복되지 않아야 한다.

5							3	
	9	8		6			7	
				2	3	1		
	1		9					
		7				3		
					5		8	
		2	4	9				
	7			5		4	6	
	6							2

예34

〈예34-1〉까지는 일반적인 방법을 통해 풀 수 있다.

5	2	1	78	478	9	68	3	468
3	9	8	15	6	14	2	7	45
7	4	6	58	2	3	1	59	589
2468	1	45	9	3	2478	56	24	67
24689	58	7	1268	148	1248	3	24	1569
2469	3	49	1267	147	5	69	8	1679
18	58	2	4	9	6	7	15	3
19	7	39	1238	5	128	4	6	89
149	6	3459	1378	178	178	589	19	2

예34-1

셀43, 47, 67, 63은 다음 그림과 같이 반복되지 않는 이중값 그
래프를 만든다.

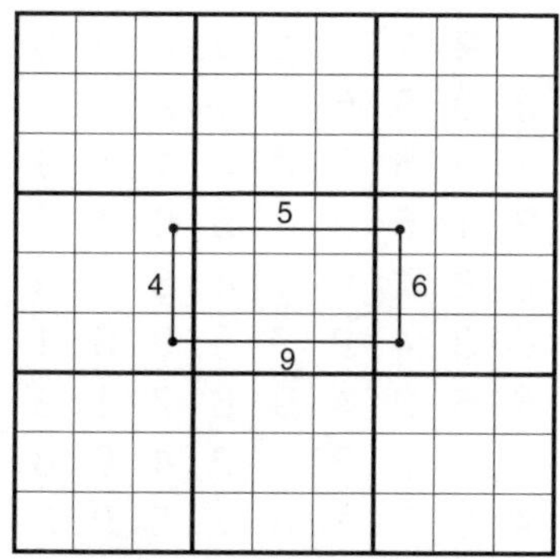

반복되지 않는 이중값 그래프

셀43, 47, 67, 63에서 다시 셀43으로 돌아오는 이 그래프에서
각각의 셀은 후보숫자를 2개씩 가지며, 이 후보숫자들은 해당 셀
과 연결된 양쪽의 두 셀 중 하나에 위치하게 된다. 그래프의 맨 위
왼쪽부터 시계방향으로 회전해보면, 5-6-9-4 또는 4-5-6-9의
순서로 들어가게 될 것이다.

그런데 둘 중 어떠한 경우에도 4는 반드시 셀43이나 63에 들어
가야 하기 때문에 셀41, 51, 61, 93에서 후보숫자 4를 제거할 수
있다. 또한 6은 셀47이나 67 중 하나에 들어가야 하며, 셀49, 59,
69, 17에서 후보숫자 6을 제거할 수 있게 해준다. 끝으로 9는 셀
63이나 67에 들어가야 하며, 이에 따라 셀61과 69에서 후보숫자
9를 제거할 수 있다. 이 중 문제 풀이에 가장 유용한 것은 8이 들

어갈 수 있도록 셀17에서 후보숫자 6을 제거하는 것이다. 이제 문
제는 쉽게 풀리게 된다.

5	2	1	7	4	9	8	3	6
3	9	8	5	6	1	2	7	4
7	4	6	8	2	3	1	5	9
2	1	5	9	3	8	6	4	7
9	8	7	6	1	4	3	2	5
6	3	4	2	7	5	9	8	1
8	5	2	4	9	6	7	1	3
1	7	9	3	5	2	4	6	8
4	6	3	1	8	7	5	9	2

예34 정답

덧붙여, 이중위치와 이중값 그래프는 캘리포니아 대학의 데이비
드 엡스타인 교수가 개발한 방법으로, 이에 대한 자세한 내용은 웹
사이트 'www.arxiv.org/abs/cs.DS/0507053'에 실린 논문 〈스도쿠
에 적용한 그래프상의 비반복적 경로 및 주기Nonrepetitive Paths and
Cycles in Graphs With Application to Sudoku〉에서 찾아볼 수 있다.

추측하기

이제 스도쿠 문제를 푸는 데 필요한 모든 해법을 배웠다. 만약 다른 책에 있는 스도쿠를 풀 때 이 책에 나온 해법을 모두 써보아도 문제를 끝낼 수 없다면 어떻게 해야 할까? 나라면 그 책의 문제는 더 이상 풀지 않을 것이다. 추측해야 비로소 풀리는 문제를 만드는 사람은 결코 수준 높은 스도쿠를 만들지 못한다. 물론 연결고리와 색까지 사용했는데도 확실한 결과가 나오지 않는다면, 남은 방법은 추측하기, 즉 맞을 것 같은 후보숫자를 골라 문제를 풀어나가는 것뿐이다. 만약 틀린 숫자를 골랐다면 결국 모순점에 다다를 것이고, 이때는 후보숫자를 선택한 지점으로 되돌아가서 다른 숫자를 골라 문제를 다시 풀어나가야 한다. 당연히 후보숫자가 적은 셀, 가능하면 후보숫자가 2개인 셀을 택하고 싶을 것이다. 하지만 문제를 전부 끝마칠 때까지 선택의 기로가 여러 번 닥칠 수도 있기 때문에, 그리 만족스러운 방법이 아닐 수도 있다. 이러한 '추측-확인 방법'을 일본에서는 '니시오nishio'라고 한다.

추측하기의 정확도가 높아지면 정답을 찾아 헤매지 않아도 되고, 앞 단계로 되돌아가 다시 시도하지 않아도 된다. 물론 완벽에 가까운 추측 성공률을 얻는 가장 좋은 방법은 문제 풀이의 열쇠를 쥐고 있는 셀에 어떤 숫자가 들어가는지 정답지를 살짝 엿보는 것이다.
(단, 당신을 보고 있는 사람이 아무도 없을 때에만 그렇게 하라.)
　다음 예제는 비명이 절로 나올 만큼 어려운 문제이다.

		2			8	3		
			4	7				6
4			2				1	
		4					9	
1		6				4		7
	9					2		
	2				7			3
7				1	4			
		3	9			7		

예35

569	156	2	156	569	8	3	7	4
3569	1358	589	4	7	1359	58	2	6
4	35678	578	2	356	356	58	1	9
2	3578	4	5678	3568	356	1	9	58
1	58	6	58	29	29	4	3	7
358	9	578	1578	4	135	2	6	58
5689	2	1	568	568	7	69	4	3
7	568	589	3	1	4	69	58	2
568	4	3	9	2568	256	7	58	1

예35-1

셀77의 후보숫자는 6과 9이다. 만약 6을 골랐다면 거의 풀 수는 있지만, 해결되지 않는 셀이 2개 남게 되며(셀26과 35), 결국 문제를 끝낼 수 없게 된다. 반대로 9를 선택했다면 끝까지 문제를 풀 수 있다. 당연히 여러분은 셀23, 33, 27, 37이 고도니언 직사각형임을 알아보고, 셀33에 7을 집어넣었을 것이다. 그렇게 했는가?

5	6	2	1	9	8	3	7	4
9	1	8	4	7	3	5	2	6
4	3	7	2	6	5	8	1	9
2	7	4	8	3	6	1	9	5
1	8	6	5	2	9	4	3	7
3	9	5	7	4	1	2	6	8
8	2	1	6	5	7	9	4	3
7	5	9	3	1	4	6	8	2
6	4	3	9	8	2	7	5	1

예35 정답

이 책에 실린 스도쿠 문제는 단 한 문제도 이 같은 추측하기 방법을 필요로 하지 않는다.

추측할 것인가, 말 것인가

앞에서 나는 "추측해도 되는가?"라는 물음에 "절대로 안 된다"라고 했다. 그런데 왜 여기에서는 추측하라고 말하는 것일까? 간단하게 대답하자면 앞에서 나는 거짓말을 했다. 양해해주길 바란다. 하지만 이유가 있었다. 추측하기를 써야만 하는 경우는 단 하나, 스도쿠 제작자가 추측하기를 염두에 두고 만든 터무니없이 어려운 문제를 풀 때다. 훌륭한 스도쿠 제작자는 추측하기를 허용하지 않는다. 따라서 만약 좋은 스도쿠 문제(단언컨대, 프랭크 롱고가 만든 이 책의 문제는 좋지 않은 것이 없다.)를 풀 때에는 절대 추측할 필요가 없다. 또 만약 내가 추측해도 괜찮다고 말했다면, 여러분은 추측을 허용하지 않는 해법들을 전부 배우려 하지 않고 여기저기에서 추측하기를 사용했을 것이다.

자, 이제 모든 것을 배웠으니 다른 모든 해법들을 시도해보라. 하지만 만약 실패하게 되더라도 나는 "추측하지 말라"고 단호하게 얘기할 것이다. 차라리 그 문제를 던져버리고 추측하기가 필요 없는 새로운 문제를 집어드는 것이 나을지도 모른다. 만약 불완전한 문제에 미련이 남는다면, 그때는 문제가 막혔을 때 어떤 부분을 지워야 하는지 알아내기 위해 연필 색을 바꾸어가며 푸는 수밖에 없을 것이다.('색 이용하기'의 내용을 참고하라.)

Mensa Sudoku Challenge
STANDARD

097

					1	2	5		
3	2		9						
		1			7		3		
		2		3			7	6	
9		6				2		5	
1	7			5		9			
	5		6			8			
					5		6	9	
		9	1	4					

098

7		4	5					
		6			8			
8	2		6	3			9	
6	8			9			7	
	4						8	
	3			1			2	6
	6			8	5		3	9
			2			6		
					3	2		4

	1		7	2				
7	3							
9	4	8	5					1
1			8	4		3		
		3				2		
		9		6	7			4
6					1	4	9	3
							7	5
				9	5		1	

			5		4		6	9
		9		6			5	
		1		8		7		
7			4				8	2
	6						3	
5	8				6			7
		8		3		5		
	9			4		8		
4	2		8		7			

101

9					4	7		
		5		9				1
7					5		9	8
5		2	1					
	1			6			8	
					3	1		9
8	5		2					4
	6			8		9		
		7	6					2

102

		2			7	8	3	4
	6			4	8	5		
4			1	3				
	2	4						
			9		3			
						6	1	
				6	2			8
		6	8	9			7	
3	9	8	5			2		

103

	2	5	4	7				
6					3		7	
		3			6			1
	5						3	6
		2	9		7	1		
9	6						8	
3			6			2		
	4		1					7
				9	4	3	5	

104

7		1				4		
9					4		6	1
		4		1	5			
3			6		1			
	8			9			3	
			5		7			6
			2	4		7		
4	1		9					3
		7				9		4

105

2	9	1				5		
8				4			3	
				2	1		6	
		6	4		2		8	
1								4
	7		5		6	2		
	2		7	9				
	4			5				6
		3				4	7	9

106

	9		4	7				
6	2						7	
		3			8	6	9	5
		4			7			
	5	7				9	4	
			3			1		
2	1	6	7			8		
	8						2	9
				8	4		1	

107

				9	5	7		
	9		7	4				
2	7	3						4
		2			6			
8		5				1		6
			2			9		
6						8	7	9
				6	8		1	
		8	5	7				

108

4		7			1			
				4	2		7	6
6	1		7		5			
		3			7		8	
		1				6		
	4		8			2		
			5		3		4	8
7	8		2	6				
			1			5		2

109

		1		8			6	3
8		9	6					
7			4				5	
4			2	6		3		
	9						1	
		2		3	4			6
	1				6			8
					7	6		1
6	7			9		5		

110

1		4		3			2	
	2		9			8	3	
	9		1					
		7			9		1	2
2								4
3	4		6			7		
					4		8	
	8	2			5		7	
	5			1		4		3

111

8		4			9	7		2
					8		1	3
1				7			5	
				8	2		3	
		2				6		
	1		7	5				
	3			6				4
9	7		8					
2		6	3			5		7

112

	2				1		6	
8		4			5			
5		6			3	9	1	
			1	2				
2				3				6
				8	9			
	9	2	3			5		4
			4			6		3
	8		7				2	

113

		6			9		3	4
5			6		4			
4	2	7		3				
1				7		2		
	7						4	
		5		4				1
				5		4	1	9
			4		6			2
3	4		1			7		

114

1	2				8			
	8		2				4	
		4		7		3		
3				1		4		
2		9				5		3
		6		8				1
		1		5		8		
	3				9		1	
			4				6	5

115

	5	8		4	3	2		
2				6		8		
1	3		2					
					7	4		
7	2						6	5
		6	1					
					5		8	9
		9		2				4
		1	8	9		6	3	

116

				6	4	7		3
5			1	9				
	6	7						1
	2			4		1		
	9		7		8		6	
		8		2			7	
2						8	1	
				7	9			5
4		3	5	8				

117

8				6	3			
		9		8	5			4
	7	6	1					5
	5	8						6
3	9						8	5
6						4	9	
					8	6	7	
1			6	7		9		
			5	2				8

118

7	6			2			3	
	5			9	4	2		
4					8	1		
		3	2	6				
2								3
				1	3	5		
		6	9					1
		4	1	5			7	
	8			3			6	5

119

		4	5			2		8
			3			4	7	
2	6						9	
	2			3	5			
3				2				9
			6	9			4	
	7						6	4
	5	6			8			
8		1			6	5		

120

	1			4			8	
9		4					5	
	2	8	9	6				
	7	6		2	3			
2								7
			4	7		3	6	
				1	8	6	9	
	3					1		8
	5			9			3	

121

3	1							
	2			1	7			
	4	6	9			2		
			5		2	1		4
2								5
9		1	8		6			
		3			8	5	7	
			6	5			9	
							1	3

122

	2		9		4		6	7
	9		5					8
		6		2				
		5		7			4	3
		9				7		
1	7			6		5		
				5		3		
6					7		5	
7	5		6		8		2	

123

		2	5	6				
9	6							5
	5		8		9	7		
		3					2	1
	4			9			6	
1	8					5		
		1	9		7		4	
4							7	9
				3	1	8		

124

9			2	4			3	
6					9		7	
2						5	1	
		1			5			8
		9		2		7		
7			6			4		
	7	4						5
	9		4					3
	3			1	6			7

125

			7	4		5		
			9		5			4
					8	3	6	
	4	3				1	9	
7				8				3
	8	2				6	7	
	6	1	8					
3			1		6			
		5		2	7			

126

4			8	1				6
5					7	8	4	
		6		4			3	
	4					2	5	
			9		4			
	6	3					7	
	5			8		3		
	2	8	6					5
7				9	3			2

127

			4	1				6
	1		5			4	8	
		9					5	2
	5			6	4			
9		2				8		4
			8	7			1	
8	3					6		
	9	1			5		7	
2				8	7			

128

8	6					2		
			6			7		3
	1	5	7					
		2		6	1		7	
1								2
	7		8	2		5		
					8	3	5	
2		6			4			
		9					2	8

129

2			4	9				
9						4	7	
4	3	1						
			6		9	8	4	
5				2				6
	8	9	5		3			
						3	8	1
	9	2						7
				8	6			4

130

7	5	4			6			
		1				6		
	9		5	2			7	
2				4	7			
8			9		2			6
			8	6				1
	3			9	8		5	
		5				8		
			7			9	1	2

131

			8	3			2	9
	8	2			1			
					9	8	6	
	1				5			6
	6			8			9	
8			2				5	
	5	9	4					
			1			9	7	
1	3			5	8			

132

		9	6				5	4
		1			9		3	
3								7
				4	7	8	2	9
				9				
9	7	3	5	8				
5								8
	1		9			5		
8	9				4	6		

133

7	1				2			
		9	7			5		
				1	5		3	
6				7			5	
4		7	5		6	9		1
	2			8				7
	7		6	5				
		3			8	6		
			3				2	9

134

	7			1		3		
5	1				6	7		
3			9	4				
		1	8					
4	5						7	2
					3	5		
				6	4			7
		8	1				2	4
		9		8			5	

135

		4		5				3
					2		4	7
			1		3	9	2	
7		1	9					
4	9						3	8
					6	4		1
	4	5	8		9			
3	1		4					
6				3		1		

136

5	6					1		
	7	2		6				
	3				5		7	2
		8	5	4	9			
1								6
			6	1	3	5		
7	8		3				4	
				8		2	6	
		9					1	3

137

```
4 6 . | 7 . . | . . 5
1 . 7 | . . 8 | . . .
. . 3 | . 5 . | . . 6
------+-------+------
. . . | 9 . . | 5 4 .
7 8 . | . . . | . 9 3
. 9 4 | . . 1 | . . .
------+-------+------
9 . . | . 8 . | 3 . .
. . . | 6 . . | 7 . 9
6 . . | . . 4 | . 8 1
```

138

```
4 . . | . 2 7 | . . .
. 6 . | 3 . . | . . 2
2 . . | . . 5 | 1 8 9
------+-------+------
1 . . | . . 6 | . 9 .
. . 8 | . . . | 3 . .
. 7 . | 8 . . | . . 4
------+-------+------
8 1 4 | 5 . . | . . 7
6 . . | . . 1 | . 4 .
. . . | 4 8 . | . . 6
```

139

		5			7	6		
4				6			7	
		8	9					5
1				8		5		2
	2			4			9	
5		4		7				1
8					2	9		
	6			1				4
		3	6			7		

140

7	8					6		
		5		8	3	2	9	
				5	7		8	
	7		4					3
3								1
9					5		7	
	5		9	6				
	3	2	7	4		8		
		9					4	6

141

		1	5					6
8		5			2			
	3			8		7		
		6		7				1
	4	3	6		8	9	7	
5				3		8		
		4		2			3	
			9			6		8
1					7	2		

142

6		2	4		5			
	5	1			9			
			6				5	8
4		3	7					
	2		9				8	
			2			4		1
7	8		5					
			6			8	3	
			9		8	2		4

<table>
<tr><td></td><td></td><td>9</td><td>4</td><td>6</td><td></td><td></td><td>5</td><td>3</td></tr>
<tr><td>8</td><td></td><td>6</td><td></td><td></td><td></td><td></td><td></td><td>2</td></tr>
<tr><td></td><td>1</td><td></td><td>9</td><td>7</td><td></td><td></td><td></td><td></td></tr>
<tr><td></td><td></td><td>4</td><td></td><td></td><td>5</td><td></td><td></td><td></td></tr>
<tr><td></td><td>9</td><td></td><td></td><td>2</td><td></td><td></td><td>1</td><td></td></tr>
<tr><td></td><td></td><td></td><td>7</td><td></td><td></td><td>9</td><td></td><td></td></tr>
<tr><td></td><td></td><td></td><td></td><td>1</td><td>7</td><td></td><td>3</td><td></td></tr>
<tr><td>6</td><td></td><td></td><td></td><td></td><td></td><td>2</td><td></td><td>5</td></tr>
<tr><td>9</td><td>2</td><td></td><td></td><td>5</td><td>6</td><td>8</td><td></td><td></td></tr>
</table>

<table>
<tr><td></td><td></td><td>6</td><td></td><td>8</td><td></td><td></td><td></td><td>3</td></tr>
<tr><td></td><td></td><td></td><td>7</td><td></td><td>4</td><td></td><td></td><td>6</td></tr>
<tr><td></td><td>7</td><td>8</td><td>5</td><td></td><td></td><td></td><td></td><td>1</td></tr>
<tr><td></td><td></td><td></td><td></td><td>5</td><td>1</td><td></td><td>3</td><td></td></tr>
<tr><td></td><td>3</td><td>5</td><td></td><td></td><td></td><td>8</td><td>1</td><td></td></tr>
<tr><td></td><td>1</td><td></td><td>8</td><td>9</td><td></td><td></td><td></td><td></td></tr>
<tr><td>3</td><td></td><td></td><td></td><td></td><td>8</td><td>7</td><td>5</td><td></td></tr>
<tr><td>9</td><td></td><td></td><td>4</td><td></td><td>2</td><td></td><td></td><td></td></tr>
<tr><td>2</td><td></td><td></td><td></td><td>6</td><td></td><td>1</td><td></td><td></td></tr>
</table>

145

		1	9			3		
2			1					8
	8	7			5	2		
	2			3				1
	6			9			5	
1				5			8	
		3	8			6	4	
7					3			9
		2			4	1		

146

9	1		4		6			
4			2	9				
7		8					6	
	8	5				1		
	9			2			4	
		2				9	8	
	6					3		5
				5	4			7
			3		9		2	4

147

	8	5					1	
				5			9	
3								
2						5		3
	5	4	7					2
			8	4	1			
7					2	8	3	
5		2						6
	4			7				1
	6					4	2	

148

4	7				5			
9	1							4
	8	2	9					
	6	3		7		8		
			3	1	2			
		7		9		5	1	
					1	9	8	
6							3	2
			8				4	7

149

8	4			2				
9		5	6					3
	6				1			7
		9	3				7	
		7	2		6	5		
	8				9	3		
2			4				3	
6					7	2		9
				9			8	4

150

	1	4			8	6		
	3	5			7		4	
6					1			8
			6	4				
4				1				9
				9	3			
7			1					3
	9		3			5	2	
		3	5			7	6	

151

		7	9				6	
4		9		6			2	
	1			5	8			4
9					2			7
		4				8		
3			8					9
6			5	7			8	
	7			4		3		2
	4				9	5		

152

		5		8		4	1	
8				5		7		
	9		2		7			
5	3		1					
	6	8				9	4	
					8		6	3
			3		4		5	
		9		1				4
	1	7		9		3		

153

9	1							5
			1			8	2	9
8		4		6	5			
	9			8	3			
		2				6		
			4	5			9	
			5	1		3		7
3	7	1			6			
5							1	6

154

8	1		4	6			2	
		6			3		7	
3	5			9				
	6	4						
		5	7			9	3	
						4	5	
				1			8	9
	9		2			1		
	7			3	8		6	2

5					4		1	
6	3							
9	8			3	5		4	
	6	8	2			5		
			3		6			
		2			7	8	3	
	9		6	7			8	5
							7	3
	7		8					4

		4			9	6		
	2			8	4		5	
8		9					1	
			6		1		8	
2				3				4
	6		4		8			
	7					1		2
	9		1	6			4	
		5	8			3		

157

6	1							3
			6	3		5		
	2	8	9		1		7	
						3		7
		1		6		8		
5		9						
	9		1		5	6	3	
		6		8	9			
1							9	8

158

4		9	6					
	5	6		1		4		
1				5				2
			7			8	3	
	9			3			5	
	4	5			1			
6				2				8
		2		8		5	4	
					6	3		9

159

	2	1	6				9	
3			4				6	
8			9					2
	3			2		8		
1	4						5	3
		8		5			2	
6					3			4
	7				1			6
	8				7	1	3	

160

2			6	7				
		4	1		5			
6						9	3	
	9			6			1	4
3		7				6		9
1	8			9			7	
	1	3						5
			4		2	7		
				5	3			6

Mensa Sudoku Challenge

ADVANCED

161

	5				1			
3				7				
2	4		3	6		7		
		2			4		1	
		9	8		7	3		
	8		2			4		
		7		5	6		4	2
				4				1
			9				8	

162

	6						4	8
				8	9			7
9	8			3		5		
8		9				4		
			2		5			
		7				1		6
		4		5			1	3
5			8	2				
1	9						5	

163

	5	7	4		9			
1							4	7
					7	5	8	2
			6	7	1			
7								1
			3	4	2			
4	6	9	5					
3	2							4
			2		4	6	9	

164

8		5			6			
6	3				7			
				8		5	2	6
7				4				5
	2		3		5		4	
9				1				2
3	4	9		6				
			7				8	9
			9			6		1

6			1	3	2	4		
5	2							7
	5		9				8	
4						7	9	
			8	5	1			
	8	2						6
	9				3			
8							7	1
		1	7	6	8			3

			6				9	5
4		6		8			7	2
				1		4		
	6		9			3		
			7		2			
		5			1		2	
		3		7				
9	7			2		5		4
1	5				6			

167

		8	2					3
				1		4	5	
5	1		3				9	
4			9			8		
			6		5			
		5			7			9
	7				1		2	4
	3	4		9				
2					8	1		

168

9	1					8		
5			7					
6	8	3			1		5	
		2		4	3			
4				7				3
			9	5		7		
	7		5			6	3	9
					6			5
		6					8	1

169

9						6		
6					2			3
		7	5	6	3		4	
		5	8				7	
			3	7	9			
	3				4	2		
	4		7	3	6	8		
3			4					2
		8						7

170

	4	7						1
9					3			
	2	6		7		9	4	
7		4	3					
	9						8	
					8	2		3
	1	8		6		3	7	
			1					4
4						1	5	

171

```
2 . . | . 6 . | . 5 .
. 9 . | . 8 1 | . . .
1 . 4 | . . 7 | 6 . .
------+-------+------
. . . | . 1 . | 5 . 3
. 2 . | . . . | . 4 .
3 . 6 | . 2 . | . . .
------+-------+------
. . 7 | 5 . . | 4 . 8
. . . | 1 4 . | . 7 .
. 3 . | . 9 . | . . 5
```

172

```
. 5 . | . 4 . | . . 7
3 . . | 9 . . | . 8 2
. . 8 | . . 3 | . . .
------+-------+------
. 7 . | 6 . 8 | . 5 3
. . 2 | . . . | 8 . .
8 9 . | 5 . 4 | . 7 .
------+-------+------
. . . | 3 . . | 7 . .
2 6 . | . . 5 | . . 8
1 . . | . 8 . | . 3 .
```

173

6						1				2
					6	5			8	
1	5			3						
				2	3			4		
3		2						9		5
		8			9	4				
						3			9	1
	9			6	5					
2				4						7

174

6				8					3	7
				7	9				5	
4						5				
3		6				8		2		
		1		4		7		9		
		9		2				4		6
				3						8
	3				2	9				
1	5					4				9

175

2	4			8			7	
		5			1			3
1		6	3					
4	6				3			
		8		5		2		
			2				1	8
					8	6		7
6			5			9		
	7			4			3	1

176

	8		4		9		7	
4		6						3
9				8				4
		9			5		2	
		1		7		5		
	6		1			9		
6				2				7
1						4		2
	3		5		4		8	

177

7		1		8	4		
(see grid)

177

	7		1		8	4		
9	4		3					
		8		4		1		9
		4	2				7	
5								1
	3				4	5		
7		2		8		6		
					2		5	8
		9	6		5		1	

178

2			3		7			
	9						5	
	5		8		4			3
5		9					3	1
		2		6		4		
3	7					6		9
7			6		2		9	
	4						1	
			1		9			4

5					9	3		
9	5		8		1	7	2	
				3				8
	4		6		7			
7								5
			5		2		6	
6				5				
	7	9	4		8		1	6
		2	9					

5		4		6				
			5				6	1
	3				9			7
		5	9					
9	8						4	5
					5	1		
3			2				5	
2	7				8			
				9		8		6

181

```
6 . . | . . . | 8 9 .
. . 3 | 6 . 8 | . . 1
. 1 . | 4 . . | 5 . 7
------+-------+------
. 3 . | 5 8 . | . . .
. . . | 7 . 3 | . . .
. . . | . 1 2 | . 3 .
------+-------+------
3 . 1 | . . 6 | . 5 .
2 . . | 8 . 5 | 3 . .
. 9 7 | . . . | . . 8
```

182

```
5 . 9 | 6 . . | . 3 .
. . . | 9 8 . | . . 4
6 . . | 7 . . | . 5 8
------+-------+------
. . . | . . 1 | 2 . .
. 5 . | . . . | . 6 .
. . 8 | 2 . . | . . .
------+-------+------
2 4 . | . . 7 | . . 3
8 . . | . 9 3 | . . .
. 3 . | . . 8 | 4 . 5
```

183

					3	4	6	
	6		4	8				
3								7
8				5	1	9	4	
		9	2		6	7		
	5	3	9	4				2
2								6
				6	2		8	
	3	8	1					

184

1			2	3				
	3	5			8	6		
8	7					5		
		2	4					6
	5						1	
9					3	4		
		4					8	5
		8	7			1	2	
				8	1			4

185

	7	4						1
			7	4	5			9
8	9		6					
2		8					4	
		5		8		6		
	6					2		8
					7		8	3
7			4	1	2			
4						7	1	

186

		5	4	8	6		7	
				2				
2	7		9					6
8	2					5		
		3	2		1	8		
		9					1	2
9					8		6	5
				5				
	8		6	7	9	1		

			5			9		6
9				4				5
			2		9		4	
	5					7		
	1	3	4		5	2	9	
		2					1	
	6		3		8			
1				5				2
7		5			2			

	1							8
3					2	5		
					4	1	3	7
7	3		4	8		6		
6								3
		9		6	3		5	4
2	7	3	6					
		6	9					5
1							8	

4	3							6
5			3	6		9		
	6	1		4			5	
			7		8	2		
7								8
		9	5		6			
	7			8		3	6	
		8		1	5			4
2							8	1

	9	1						
3			9	5				8
	8				6	5		1
					8			2
6	5		2		9		7	3
1			4					
7		3	6				8	
9				3	7			6
						3	4	

191

	2			3		7		
4		9					3	
8			2				5	6
				4	1		6	
		2	7		9	3		
	6		3	8				
2	9				4			3
	3					5		4
		1		5			2	

192

				3	8			5
		5	6				7	
8					5		6	1
	9					7		
	8	1				9	5	
		3					4	
6	5		1					4
	4				3	6		
9			8	4				

193

8	4		7					
9	1					4		
		2	8		9			
2		5		3				
		7	5		8	6		
				9		7		3
			9		4	3		
		4					8	9
					2		1	4

194

	8				9		6	
		1	5		8			9
			6	7				2
		5		8				
1	7						3	8
				6		9		
9				5	6			
8			4		1	2		
	4		8				7	

	7				3			1
9		4			7			2
1				9			7	
	4	9			6			
		1		4		9		
			9			1	3	
	1			2				3
6			7			8		5
8			6				1	

9			3		5			
		1		6				
5	2		7		9	4		
				3	8	6		
8	9						4	1
		2	9	5				
		8	5		3		9	4
				9		2		
			1		4			6

197

8		3		6				5
5			3	1		9		
1	4						6	
			5		2			
	2						7	
			1		8			
	9						8	7
		1		8	6			9
4				5		1		2

198

4		5		1				
	2	6	4		8			
		8			2		5	
5			9			2		6
			1		3			
2		3			5			7
	4		2			3		
			8		1	7	2	
				9		6		1

	8	5	3		6		1	
				1			2	
1					2		6	
		6			5			
			6	9	8			
			1			5		
	1		7					8
	3			4				
	2		8		9	1	5	

				4	5		8	
						5		3
	7				3	4		2
6				7	4			
2								8
			6	3				4
8		9	3				1	
3		1						
	6		8	1				

201

				3	5		6	
7	5				2	9		4
2								
				6		4		1
				4				
9		8		2				
								2
4		5	2				3	7
	3		8	7				

202

		9		4	8	3		
			2					5
6	5				9		8	
		7					3	
1		5		7		4		6
	3					7		
	7		4				9	3
9					5			
		4	6	9		1		

203

		9		8	1		3	2
8								
	4	1			7		8	
		8			2			5
4				9				8
3			8			7		
	2		3			9	4	
								6
5	8		6	7		2		

204

	3	6		7				
	9		8					
1	2			3				5
		8			7	4		
4								3
		3	4			1		
6				1			3	2
					3		7	
				2		6	8	

205

		8		9	6			7
4	9			7		3		
	6	3	8				9	
			7			1		
		7			9			
	7				1	8	2	
		6		5			3	4
2			6	4		7		

206

	3	9						
	5	7	3					
			1			4		9
				6			8	3
9		5				6		1
6	8			9				
5		2			4			
					8	1	4	
							3	2

207

		5			6			
4	7		8	9		6		2
		6				3		1
					9		4	
9			3		5			6
	6		4					
1		8				7		
6		2		4	8		1	9
			6			8		

208

	7				9			
5			1					8
		6	2			4		7
		2	6				3	9
		1				8		
3	6				8	7		
2		5			6	9		
9					7			2
			9				8	

209

			2	1			6	
						9		
2	5		7				3	
	1	3				5		6
	4			5			9	
5		6				3	8	
	6				7		4	8
		5						
	2			4	1			

210

9					6			2
					5		1	
5		1	3	2		7		
		4				9	7	
7								1
	9	6				4		
		7		3	1	8		6
	4		8					
8			6					5

211

	2	4			8			
				3				8
				2			1	4
	6	1	8		2			
		3		9		7		
			7		3	1	5	
3	4			8				
6				1				
			9			2	4	

212

3	9		2			8		
4								
6				7				5
		9		4	2			
		5	1		3	6		
			6	8		7		
1				6				3
								9
		2			7		1	6

213

8		4	1	3	2		9	
	1				9		3	
								5
						6	8	9
		2		9		7		
9	8	6						
	6		3				1	
	3		5	4	7	9		2

214

2	8							
		6			2			1
			6	3	7	2		4
	6				1			
4			2		6			9
			4				6	
1		5	9	2	4			
6			3			1		
							9	5

215

1	8		2				4	
	4			8		7	9	
					5			5
			7			2	6	
			6		2			
	3	6			5			
3								
	9	8		7			5	
	5				4		3	8

216

	1		4	2				
						8	4	2
2				5	9			7
		6					8	
		5	7	1	6	9		
	3					7		
3			9	4				8
4	2	9						
				7	5		9	

217

	5					3		
3		6	9		1			
			7	8		4		
6		5		1				8
			8		4			
8				7		1		2
		2		3	8			
			2		9	6		1
		3					8	

218

		9	1	5			2	4
	4				3			1
	2				4			
			3			6		
			8	4	6			
		6			9			
			6				9	
1			9				8	
9	6			3	2	7		

			7					6
2		7				9	8	
6		1					4	7
			6				1	
		3	1	8	2	5		
	5				3			
5	1					8		3
	8	6				4		9
4					5			

220

	4	1					3	2
				1				8
			4	9	8	5		
					1		6	
6								7
	5		2					
		3	1	8	4			
2				3				
9	7					8	1	

221

		5	8	3				
			4	6	2	8		
4					5			6
		9					7	
7			5		3			2
	6					5		
9			2					4
		4	6	8	7			
				9	4	2		

222

	6		2	9				
			8		1			7
		9					8	
		6				3		
	4	1		3		7	9	
		8				1		
	7					8		
3			6		9			
				1	8		7	

```
. . 8 | 9 . . | . 4 7
. . . | . 1 3 | . . 9
4 . . | 7 . . | 6 . .
------+-------+------
. . . | 3 . . | . . 6
. . 4 | 6 . 7 | 9 . .
8 . . | . . 2 | . . .
------+-------+------
. . 1 | . . 6 | . . 8
6 . . | 5 3 . | . . .
3 9 . | . . 1 | 7 . .
```



```
6 4 . | . . . | . 9 .
9 3 . | 4 7 . | . 2 .
. . 5 | 3 2 . | . . .
------+-------+------
2 . . | . . . | 6 . .
. . . | 8 . 1 | . . .
. . 9 | . . . | . . 1
------+-------+------
. . . | . 9 5 | 3 . .
. 2 . | . 1 3 | . 4 9
. 9 . | . . . | . 5 7
```

225

<table>
<tr><td></td><td></td><td>8</td><td></td><td>7</td><td></td><td></td><td>2</td><td></td></tr>
<tr><td>3</td><td>6</td><td></td><td></td><td></td><td></td><td></td><td>7</td><td></td></tr>
<tr><td></td><td></td><td></td><td></td><td></td><td></td><td>6</td><td>3</td><td></td></tr>
<tr><td></td><td></td><td>3</td><td>4</td><td></td><td></td><td></td><td></td><td>5</td></tr>
<tr><td></td><td>7</td><td>4</td><td>5</td><td>8</td><td>9</td><td>3</td><td>6</td><td></td></tr>
<tr><td>9</td><td></td><td></td><td></td><td></td><td>6</td><td>2</td><td></td><td></td></tr>
<tr><td></td><td>3</td><td>9</td><td></td><td></td><td></td><td></td><td></td><td></td></tr>
<tr><td></td><td>2</td><td></td><td></td><td></td><td></td><td></td><td>1</td><td>6</td></tr>
<tr><td></td><td>4</td><td></td><td></td><td>5</td><td></td><td>9</td><td></td><td></td></tr>
</table>

226

<table>
<tr><td></td><td></td><td>2</td><td>8</td><td></td><td>4</td><td></td><td></td><td>6</td></tr>
<tr><td></td><td>4</td><td>7</td><td></td><td></td><td></td><td></td><td></td><td>3</td></tr>
<tr><td></td><td></td><td></td><td></td><td>6</td><td></td><td></td><td>9</td><td></td></tr>
<tr><td></td><td></td><td></td><td>5</td><td></td><td></td><td></td><td>6</td><td></td></tr>
<tr><td></td><td></td><td>9</td><td>4</td><td></td><td>3</td><td>1</td><td></td><td></td></tr>
<tr><td></td><td>2</td><td></td><td></td><td></td><td>7</td><td></td><td></td><td></td></tr>
<tr><td></td><td>8</td><td></td><td></td><td>7</td><td></td><td></td><td></td><td></td></tr>
<tr><td>1</td><td></td><td></td><td></td><td></td><td></td><td>7</td><td>3</td><td></td></tr>
<tr><td>2</td><td></td><td></td><td>9</td><td></td><td>6</td><td>8</td><td></td><td></td></tr>
</table>

227

	8				1	9		
4		9		8		1	2	7
				9				6
	5					2		
			7	1	3			
		3					8	
9				3				
5	3	4		6		7		8
		1	8				5	

228

			2					
	6	2		1	8			
	8			4		5		3
		4	8				6	
	9						5	
	2				1	9		
6		8		3			4	
			4	9		1	8	
					7			

229

6			9		4			
4		8	5			6		9
	2	5			8	3	6	
	3						7	
	4	7	3			1	8	
5		4			7	8		1
			8		2			7

230

		2		6	3		1	
			5					3
					9	4		
1		6		5				9
	4						5	
3				7		2		4
		8	7					
9					8			
	2		1	4		7		

231

	3		6			8		
				2			6	
		1	3		8		2	
	6		7			4		5
	7						1	
1		4			5		7	
	1		5		4	7		
	4			1				
		3			6		4	

232

					6		5	
6			9		3			
		3	8	4				
						1	6	
1			5		2			3
	9	8						
				7	9	4		
			4		1			2
	8		6					

233

	9				5	7			6	8
	7					3				
1		4					8	2		
	8	7					6	5		
	3	6					1		7	
			2					8		
7	4		1	8				9		

234

	2	9								
				4	8		7			
5			6							
2		1	4							
3	7		5		9		8	4		
					7	9		2		
					1			9		
	4		8	9						
						7	6			

235

		1	8				9	
				2	9	7		
9		8				1		2
2	6		5					
8		7				4		6
					6		7	5
1		2				3		7
		6	7	4				
	7				1	5		

236

					2	5		
	8		1		4		2	
						4		1
	6		9			8		3
		1	4		3	2		
3		9			1		5	
5		6						
	9		2		7		8	
		8	6					

237

9			5		7			
8			1				9	
2	6							
					4		6	
		7	9	1	2	3		
	2		7					
							4	7
	5				1			3
			2		5			6

238

				2		7		5
	6	2						
1			9			2		
	8	1	2	9				
	2						9	
				5	6	3	2	
		8			1			2
						1	8	
7		5		4				

239

			7			4		1
			9			5	6	
					1	7	8	
	2		1	3				
		9	2		7	8		
				6	8		3	
	5	2	6					
	9	8			2			
4		3			5			

240

8		7	9					
		6		2				4
			8		7		5	
4	8						6	
		9				4		
	3						9	5
	4		7		1			
9				4		1		
					5	3		6

241

	1	5						
7		9			3			6
		6	5			2		
		3	6					
	5	2	3		1	9	6	
					4	3		
		7			8	4		
8			2			6		9
						1	2	

242

		9				1	5	
	8			5			4	
5			9					
		5		7	8	2		
9				2				4
		3	4	9		6		
					6			1
	1			4			8	
	9	6				7		

243

	5		1			8		6
	9						2	
6	1	7						4
2			5	6				9
			9		3			
5				4	2			3
1						9	5	8
	2						4	
8		4			5		6	

244

	5	4	8				2	3
		7			3			8
		6	1				9	
			4					5
	2						7	
9					6			
	6				1	7		
8			9			2		
7	1				4	8	6	

245

		4		3		9		
					1			
3	1		8	2			4	6
		2			7			
	5			9			1	
			1			6		
8	3			1	6		7	4
			7					
		6		8		1		

246

	2	9					6	
			1			7		9
8		6				2		
2					7	6		3
			8		9			
1		4	6					8
		7				3		6
9		1			3			
	8					4	1	

		9			4	6	2	
6	1						4	
		4	6					8
1		8		7				
		3		9		8		
				6		1		3
9					3	2		
	7						3	1
	8	1	2			4		

248

		6	5			4		
		1		9			8	
			4					5
8		3	6					1
			7		3			
4					1	3		9
9					7			
	1			2		5		
		4			5	2		

249

1		9						
						2		9
		2	8		1		5	
3			9			8		
	4		1		7		9	
		8			5			2
	9		5		4	7		
6		4						
						6		4

250

		2	6					
		7		4		6		2
4					5	7	1	
	4						3	
7								1
	8						9	
	7	8	2					3
5		9		1		2		
					7	9		

251

				9			2	
9	3						6	1
			6		7			
	9	4	5				7	
		7		2		6		
	5				1	4	9	
			2		9			
1	2						3	6
	4			3				

252

8								
2				4			6	1
		3		6	1	5		
	3	4					8	
		8	3		9	2		
	2					7	1	
		2	1	5		4		
6	8			7				5
								2

253

	9	3	5		1			
8		4					5	
		7		9				
		1	6	5				
	8		7		3		1	
				8	9	5		
				7		8		
	3					2		6
			8		5	1	9	

254

	4							3
9	1				6	4		2
				1		8		
					9			
7	5		1		2		6	4
			5					
		6		7				
4		5	8				7	6
8							2	

255

	1	6			3			
			7	2			3	
	9					8		
9					4		2	
5								6
	6		9					7
		4					8	
	8			1	7			
			3			2	5	

256

	4			6	3			
3		6		5				
5	2	7						
1		2						6
			6	8	9			
9						5		3
						7	5	8
				3		6		4
			1	7			3	

257

7		6					1	9
				4	5		3	
4	9			7		8		
6				9				3
		8		1			6	2
	6		2	8				
2	1					6		7

258

	5					3		
	2				5	1		
1			9		8		7	2
					9			
	7	6		3		4	9	
			5					
2	3		7		4			6
		5	8				3	
		4						1

259

3								
6			1		4	3		
		4	5	3			8	
	9					4	5	
7				4				3
	8	5					7	
	7			2	9	8		
		9	4		7			5
								7

260

6			3			5	9	8
		9						4
5							1	
		5	8	4	6			
				2				
			5	1	7	2		
	3							2
1						9		
8	2	4			5			3

261

	7	5		8			4	
		1	2					
8			5					
7				2			1	
	1	3	7		5	2	9	
	5			4				6
					9			1
					2	9		
	6			7		8	5	

262

7	6							
		2		3	1			
		4	6			7		
				8		9	1	
		7	4		5	8		
	3	1		2				
		8			9	1		
			1	4		6		
							9	7

263

2			6				3	5
8	6	3		2		4		7
5			3	4				
			1		8			
				7	6			1
6		8		1		3	2	4
3	1				5			8

264

6		8					4	
1				2	5			3
		2	3				8	4
		1		5		9		
3	9				4	2		
9			2	4				1
	4					3		5

265

1			2					
				9		8		7
		7	3		6			9
				7		1		
7	5						4	8
		6		3				
2			4		3	7		
3		8		6				
					9			6

266

			5		3		2	8
	3			4		5		
						1	4	
6	5			8				
9			6		1			2
				2			5	6
	1	7						
		5		7			3	
2	6		8		9			

267

				6				
5		1	8	3			7	
3	9							
		3			4	7	2	
4			6		7			8
	5	7	1			9		
							8	5
	3			7	8	6		9
				4				

268

	2						6	1
					6			9
			7	5			8	
				2		1	7	3
		9				2		
1	7	2		3				
	4			7	9			
6			8					
5	3						9	

269

8	6							
5					8		9	
1		7	4					
3			9		2		1	
	1		6		3		2	
	7		5		4			3
					7	9		4
	9		3					1
							6	2

270

	6	1	3					8
					6			3
		2	4	1				
		7				3		4
2								9
9		5				2		
				9	2	5		
6			1					
8					7	4	1	

271

2							1	
4			6					
	7			4				
			1		5	6	8	
1								7
	5	6	2		3			
				8			7	
					1			3
	9							5

272

	9	7					5	4
		5	9				6	
					2	3		
			4			1	2	
9				3				5
	2	8			5			
		9	7					
	3				4	5		
6	5					4	9	

273

<table>
<tr><td>8</td><td></td><td>3</td><td>6</td><td></td><td></td><td></td><td></td><td></td></tr>
<tr><td></td><td>4</td><td>5</td><td></td><td></td><td></td><td></td><td>1</td><td></td></tr>
<tr><td></td><td></td><td></td><td>2</td><td></td><td></td><td></td><td></td><td>5</td></tr>
<tr><td>1</td><td></td><td></td><td></td><td></td><td>4</td><td></td><td></td><td></td></tr>
<tr><td>4</td><td>2</td><td></td><td></td><td>3</td><td></td><td></td><td>9</td><td>6</td></tr>
<tr><td></td><td></td><td></td><td>7</td><td></td><td></td><td></td><td></td><td>8</td></tr>
<tr><td>7</td><td></td><td></td><td></td><td></td><td>9</td><td></td><td></td><td></td></tr>
<tr><td></td><td>1</td><td></td><td></td><td></td><td></td><td>5</td><td>8</td><td></td></tr>
<tr><td></td><td></td><td></td><td></td><td></td><td>8</td><td>3</td><td></td><td>9</td></tr>
</table>

274

<table>
<tr><td></td><td>7</td><td></td><td>1</td><td></td><td></td><td></td><td>6</td><td></td></tr>
<tr><td></td><td>9</td><td>8</td><td></td><td></td><td></td><td></td><td></td><td>2</td></tr>
<tr><td></td><td></td><td>1</td><td></td><td></td><td>6</td><td>9</td><td>5</td><td></td></tr>
<tr><td>7</td><td>8</td><td></td><td></td><td></td><td>2</td><td></td><td></td><td></td></tr>
<tr><td></td><td></td><td></td><td>4</td><td>6</td><td>5</td><td></td><td></td><td></td></tr>
<tr><td></td><td></td><td></td><td>3</td><td></td><td></td><td></td><td>2</td><td>9</td></tr>
<tr><td></td><td>6</td><td>7</td><td>2</td><td></td><td></td><td>4</td><td></td><td></td></tr>
<tr><td>1</td><td></td><td></td><td></td><td></td><td></td><td>5</td><td>9</td><td></td></tr>
<tr><td></td><td>5</td><td></td><td></td><td></td><td>1</td><td></td><td>8</td><td></td></tr>
</table>

275

		9			7		2	
4	3						1	
5					3		9	4
					4	3		
			9		2			
		7	5					
3	6		7					8
	2						5	6
	1		8			2		

276

	1			4		2		
			8			1	9	
						6		4
1	4				9	8		2
		5				4		
2		3	4				1	7
6		8						
	3	1			8			
		7		5			4	

277

		7	6	4				
9			8					
5		8			1			6
	9	3						2
				6				
1						4	7	
4			1			2		3
					8			1
				5	6	7		

278

	1	6		7				
			1		8	6		
	2	7			4			
							1	9
5	9	1				3	4	6
3	8							
			8			1	6	
		3	2		1			
				4		2	5	

279

	1	3						
2		7	3				9	
		4		5	1			
1	2				3			
			9	2	5			
			1				3	6
			7	1		4		
	9				8	7		3
						5	1	

280

				7	6	8		
			2				4	3
							5	9
	7		9	6			1	
9								7
	5			1	3		8	
4	8							
2	3				4			
		9	5	2				

281

1					5			
	2	8	9		7			
	4		3		2			1
	7					5		4
8		2					6	
9			4		3		8	
			6		9	3	4	
			1					2

282

			8				7	
		8					5	
			1		9	3	2	
	3	7		6			1	
6								3
	1			4		7	9	
	8	2	3		7			
	6					1		
	5				2			

283

			1					2
	9			4	5		8	
5		1		3				4
							7	9
		9	8		4	3		
8	7							
1				8		9		3
	4		7	6			5	
2					9			

284

		7						2
9		5						
8				1	9	5		
		2	9	8				3
	8		2		4		1	
3				7	5	2		
		3	4	6				8
						7		4
6						3		

285

2

<table>
<tr><td> </td><td> </td><td> </td><td> </td><td> </td><td> </td><td> </td><td> </td><td>2</td></tr>
<tr><td> </td><td>9</td><td> </td><td> </td><td>6</td><td>8</td><td> </td><td> </td><td> </td></tr>
<tr><td>3</td><td> </td><td> </td><td>4</td><td> </td><td>7</td><td>1</td><td> </td><td>8</td></tr>
<tr><td>9</td><td>1</td><td> </td><td> </td><td> </td><td>4</td><td> </td><td> </td><td> </td></tr>
<tr><td>4</td><td> </td><td>3</td><td> </td><td> </td><td> </td><td>8</td><td> </td><td>7</td></tr>
<tr><td> </td><td> </td><td> </td><td>7</td><td> </td><td> </td><td> </td><td>1</td><td>9</td></tr>
<tr><td>7</td><td> </td><td>2</td><td>3</td><td> </td><td>5</td><td> </td><td> </td><td>1</td></tr>
<tr><td> </td><td> </td><td> </td><td>6</td><td>7</td><td> </td><td> </td><td>4</td><td> </td></tr>
<tr><td>1</td><td> </td><td> </td><td> </td><td> </td><td> </td><td> </td><td> </td><td> </td></tr>
</table>

286

<table>
<tr><td> </td><td> </td><td>4</td><td> </td><td>9</td><td> </td><td> </td><td>1</td><td> </td></tr>
<tr><td>6</td><td> </td><td>2</td><td>4</td><td> </td><td> </td><td> </td><td> </td><td> </td></tr>
<tr><td>1</td><td> </td><td> </td><td> </td><td> </td><td> </td><td> </td><td> </td><td>8</td></tr>
<tr><td> </td><td> </td><td> </td><td>2</td><td> </td><td> </td><td>7</td><td> </td><td> </td></tr>
<tr><td>4</td><td> </td><td>9</td><td>5</td><td> </td><td>6</td><td>3</td><td> </td><td>2</td></tr>
<tr><td> </td><td> </td><td>6</td><td> </td><td> </td><td>3</td><td> </td><td> </td><td> </td></tr>
<tr><td>9</td><td> </td><td> </td><td> </td><td> </td><td> </td><td> </td><td> </td><td>5</td></tr>
<tr><td> </td><td> </td><td> </td><td> </td><td> </td><td>4</td><td>1</td><td> </td><td>7</td></tr>
<tr><td> </td><td>1</td><td> </td><td> </td><td>6</td><td> </td><td>9</td><td> </td><td> </td></tr>
</table>

287

		8	6		5			7
		5		4		9		8
			1			6	5	
1		4					9	
			5		3			
	3					1		5
	7	9			6			
6		3		5		2		
4			3		8	5		

288

			8		3		5	
4						9	3	
				9		7	2	
			3	5			7	
5		7				2		3
	4			8	7			
	9	4		6				
	7	6						5
	8		1		9			

289

6			9		5		2	3
					7		6	9
	4	3					9	8
5		9		8		7		1
8	2					6	3	
9	7		6					
2	5		3		1			6

290

9			4		2			
						5		
				9	1		6	2
	3	9				8		
7	4		1		3		5	9
		1				3	7	
4	1		7	5				
		3						
			8		4			7

291

8			2					6
	2				5	1	4	
		1					3	
	3			7				4
		4				9		
2				9			7	
	8					4		
	4	6	7				8	
7					4			1

292

		4						1
1	6	8	4				9	
	3			6				
		6			1		2	3
		1				7		
2	4		8			1		
				8			6	
	8				4	5	7	2
5						8		

293

		7	4		1			
	5		3			7		
3								4
			1	5			6	
4		5		8		9		3
	6			4	3			
9								7
		3			9		2	
			6		8	3		

294

9					1	6		
			5			4	8	
		8		3				1
8	4						7	
		9				2		
	1						4	5
5				9		8		
	9	6			4			
		1	3					2

295

							1	
			6	9				4
			8	3	4		7	
	8	1			2	7	9	
	2			7			8	
	7	3	9			2	6	
	9		3	4	8			
7				2	6			
	6							

296

		9	6	2				
	3					4		
			9		5			7
				7		6	4	
			5	8	6			
	2	1		4				
9			7		8			
		4					1	
			5	1	8			

297

		1	7			5		
							7	9
4			9	2				
1	4			5			8	
6				8				2
	8			7			6	3
				9	4			5
5	6							
		9			6	7		

298

8				1	6	9		
1			7		9			
	9		4					8
9		5						3
7	2						8	1
3						5		9
6					1		2	
			9		3			6
		1	2	6				5

			5	3	1		6	
		3			2	4	8	
								5
	6	7	8			3		1
1		4			7	9	5	
8								
	3	1	2			5		
	5		7	8	9			

	9			3				
		5	1		7			
	8	2	5		9			
	3		9					2
9		4	2		8	7		3
2					3		6	
			8		5	9	7	
			7		4	3		
				9			8	

SOLUTION

001

8	7	1	9	5	3	4	6	2
3	9	5	2	4	6	7	8	1
4	2	6	8	7	1	9	5	3
5	8	4	6	1	2	3	7	9
6	1	9	7	3	8	2	4	5
7	3	2	5	9	4	6	1	8
9	4	7	1	2	5	8	3	6
1	6	3	4	8	9	5	2	7
2	5	8	3	6	7	1	9	4

002

4	8	1	2	3	6	7	9	5
3	9	5	8	4	7	1	2	6
7	2	6	1	5	9	4	8	3
6	4	8	9	7	2	5	3	1
1	7	9	3	8	5	6	4	2
2	5	3	4	6	1	9	7	8
9	1	4	5	2	8	3	6	7
8	3	7	6	1	4	2	5	9
5	6	2	7	9	3	8	1	4

003

8	2	3	6	4	1	7	5	9
1	4	7	5	9	3	8	6	2
6	9	5	7	8	2	3	1	4
4	8	6	9	3	7	5	2	1
2	3	9	1	5	4	6	8	7
7	5	1	8	2	6	4	9	3
3	6	8	4	1	9	2	7	5
5	1	2	3	7	8	9	4	6
9	7	4	2	6	5	1	3	8

004

7	2	3	5	9	8	1	4	6
8	4	6	1	3	7	2	5	9
5	9	1	6	4	2	7	3	8
6	7	4	8	5	9	3	1	2
1	3	8	7	2	6	5	9	4
9	5	2	3	1	4	6	8	7
2	1	9	4	6	5	8	7	3
3	6	7	9	8	1	4	2	5
4	8	5	2	7	3	9	6	1

005

2	6	8	5	1	9	7	3	4
4	7	1	3	6	8	9	5	2
3	9	5	7	2	4	8	1	6
6	4	2	8	9	1	5	7	3
5	1	7	6	4	3	2	8	9
9	8	3	2	7	5	4	6	1
1	3	9	4	5	7	6	2	8
8	5	6	9	3	2	1	4	7
7	2	4	1	8	6	3	9	5

006

6	8	1	4	9	2	7	5	3
2	3	4	5	6	7	1	9	8
5	9	7	8	1	3	6	4	2
9	4	3	7	8	1	2	6	5
8	7	5	3	2	6	4	1	9
1	2	6	9	4	5	8	3	7
3	5	2	6	7	4	9	8	1
7	6	8	1	3	9	5	2	4
4	1	9	2	5	8	3	7	6

007

2	5	1	7	8	4	9	6	3
6	4	9	1	2	3	5	8	7
3	8	7	6	9	5	2	1	4
8	6	5	2	1	7	4	3	9
1	2	3	8	4	9	6	7	5
9	7	4	3	5	6	1	2	8
7	9	6	5	3	2	8	4	1
4	1	2	9	7	8	3	5	6
5	3	8	4	6	1	7	9	2

008

3	8	1	9	2	7	4	5	6
7	4	5	6	3	1	9	2	8
6	9	2	5	8	4	3	1	7
5	6	3	4	9	8	2	7	1
9	2	4	7	1	5	8	6	3
8	1	7	3	6	2	5	4	9
2	7	6	8	5	3	1	9	4
4	5	8	1	7	9	6	3	2
1	3	9	2	4	6	7	8	5

009

6	7	8	5	9	3	1	2	4
2	4	9	7	1	8	3	6	5
1	5	3	6	4	2	8	9	7
5	6	1	3	8	7	9	4	2
8	2	4	9	5	1	7	3	6
9	3	7	2	6	4	5	8	1
7	1	2	4	3	9	6	5	8
4	9	6	8	7	5	2	1	3
3	8	5	1	2	6	4	7	9

010

7	3	5	1	6	8	4	2	9
4	9	2	5	3	7	1	8	6
1	8	6	4	9	2	7	5	3
6	4	1	7	8	3	5	9	2
2	5	9	6	4	1	3	7	8
8	7	3	2	5	9	6	1	4
5	6	7	9	2	4	8	3	1
3	2	4	8	1	5	9	6	7
9	1	8	3	7	6	2	4	5

011

4	9	8	2	6	7	3	5	1
6	3	5	1	8	4	9	2	7
2	1	7	9	5	3	8	4	6
3	2	1	7	4	5	6	8	9
8	4	9	3	1	6	5	7	2
7	5	6	8	9	2	1	3	4
9	6	4	5	2	8	7	1	3
1	8	3	4	7	9	2	6	5
5	7	2	6	3	1	4	9	8

012

2	6	1	8	3	9	5	7	4
5	3	9	2	4	7	1	8	6
4	7	8	5	1	6	3	9	2
6	2	3	4	5	8	9	1	7
9	5	7	3	6	1	2	4	8
1	8	4	7	9	2	6	3	5
7	9	6	1	2	4	8	5	3
8	1	5	6	7	3	4	2	9
3	4	2	9	8	5	7	6	1

013

4	3	7	5	8	6	9	1	2
2	1	8	7	3	9	5	6	4
5	9	6	1	4	2	3	7	8
8	2	1	3	5	7	6	4	9
3	6	9	2	1	4	8	5	7
7	5	4	9	6	8	1	2	3
6	8	5	4	2	3	7	9	1
1	7	2	8	9	5	4	3	6
9	4	3	6	7	1	2	8	5

014

4	9	2	6	1	8	7	5	3
1	8	3	4	7	5	6	2	9
6	5	7	9	3	2	1	4	8
7	6	4	2	5	9	3	8	1
2	1	9	7	8	3	4	6	5
8	3	5	1	6	4	2	9	7
5	2	1	3	9	6	8	7	4
3	4	8	5	2	7	9	1	6
9	7	6	8	4	1	5	3	2

015

9	1	8	3	5	7	2	4	6
5	4	6	1	2	8	9	7	3
2	3	7	4	9	6	5	8	1
7	8	2	9	1	5	6	3	4
1	9	4	2	6	3	7	5	8
6	5	3	8	7	4	1	9	2
8	7	5	6	3	1	4	2	9
3	6	9	5	4	2	8	1	7
4	2	1	7	8	9	3	6	5

016

7	6	2	3	9	4	5	8	1
4	1	5	7	6	8	3	2	9
8	3	9	1	5	2	4	7	6
1	4	6	9	7	5	8	3	2
2	5	3	8	4	6	9	1	7
9	7	8	2	3	1	6	5	4
6	9	1	5	2	3	7	4	8
3	8	4	6	1	7	2	9	5
5	2	7	4	8	9	1	6	3

017

2	1	3	5	4	9	8	6	7
4	8	6	1	7	2	3	5	9
9	5	7	8	3	6	2	1	4
6	2	9	3	8	4	5	7	1
7	3	8	6	1	5	9	4	2
1	4	5	2	9	7	6	8	3
8	6	1	4	2	3	7	9	5
3	7	4	9	5	8	1	2	6
5	9	2	7	6	1	4	3	8

018

3	9	2	6	7	4	1	8	5
1	4	5	9	8	3	7	2	6
6	8	7	2	5	1	3	9	4
7	3	9	8	4	2	6	5	1
8	6	4	3	1	5	9	7	2
5	2	1	7	9	6	8	4	3
9	1	3	4	2	8	5	6	7
2	7	6	5	3	9	4	1	8
4	5	8	1	6	7	2	3	9

019

4	3	8	5	9	7	2	6	1
6	7	5	8	1	2	3	4	9
2	1	9	6	3	4	7	8	5
9	6	4	7	8	5	1	2	3
5	8	7	1	2	3	6	9	4
3	2	1	9	4	6	5	7	8
8	4	2	3	6	1	9	5	7
1	5	6	4	7	9	8	3	2
7	9	3	2	5	8	4	1	6

020

6	8	1	5	3	9	7	2	4
3	4	5	2	1	7	6	8	9
9	7	2	6	8	4	3	1	5
7	1	4	9	6	5	8	3	2
5	6	9	3	2	8	4	7	1
8	2	3	7	4	1	9	5	6
4	9	8	1	5	3	2	6	7
1	3	6	4	7	2	5	9	8
2	5	7	8	9	6	1	4	3

021

3	5	2	7	6	1	8	4	9
6	1	8	3	4	9	5	2	7
4	9	7	8	2	5	1	6	3
7	4	1	2	9	3	6	5	8
8	6	3	4	5	7	2	9	1
9	2	5	1	8	6	7	3	4
1	7	4	6	3	2	9	8	5
5	8	6	9	1	4	3	7	2
2	3	9	5	7	8	4	1	6

022

2	8	1	9	3	5	6	4	7
4	3	5	6	7	1	8	9	2
7	6	9	8	2	4	5	1	3
8	2	3	1	4	6	7	5	9
1	9	4	2	5	7	3	8	6
6	5	7	3	9	8	4	2	1
3	7	2	5	8	9	1	6	4
5	4	6	7	1	2	9	3	8
9	1	8	4	6	3	2	7	5

023

4	8	1	9	7	3	6	5	2
6	3	2	8	5	1	9	7	4
9	5	7	6	2	4	1	3	8
3	6	9	5	4	7	2	8	1
5	2	8	1	6	9	7	4	3
7	1	4	3	8	2	5	9	6
8	4	6	2	9	5	3	1	7
1	7	5	4	3	6	8	2	9
2	9	3	7	1	8	4	6	5

024

3	1	8	9	2	5	6	7	4
9	5	6	3	7	4	2	8	1
2	4	7	1	8	6	9	5	3
1	9	3	7	5	8	4	2	6
6	2	5	4	9	1	8	3	7
7	8	4	2	6	3	5	1	9
8	7	2	6	3	9	1	4	5
4	3	9	5	1	2	7	6	8
5	6	1	8	4	7	3	9	2

025

3	1	5	2	7	8	9	6	4
4	2	7	3	9	6	5	1	8
8	9	6	5	1	4	7	3	2
1	4	9	7	6	3	2	8	5
5	6	2	8	4	9	1	7	3
7	8	3	1	2	5	4	9	6
2	3	1	4	8	7	6	5	9
6	5	4	9	3	1	8	2	7
9	7	8	6	5	2	3	4	1

026

1	8	7	6	3	2	4	9	5
9	4	5	7	1	8	3	6	2
6	3	2	5	9	4	8	7	1
5	1	8	9	6	7	2	3	4
7	2	9	4	8	3	1	5	6
4	6	3	1	2	5	9	8	7
2	7	6	8	4	9	5	1	3
8	5	4	3	7	1	6	2	9
3	9	1	2	5	6	7	4	8

027

9	2	8	5	6	7	3	1	4
1	3	4	2	9	8	7	5	6
7	5	6	4	3	1	9	2	8
5	1	2	6	7	4	8	3	9
6	9	3	1	8	5	4	7	2
4	8	7	9	2	3	1	6	5
2	6	1	7	4	9	5	8	3
8	4	5	3	1	2	6	9	7
3	7	9	8	5	6	2	4	1

028

1	9	4	2	3	8	6	7	5
6	7	3	5	4	1	2	8	9
5	8	2	6	9	7	4	3	1
3	1	6	7	8	9	5	4	2
7	5	9	1	2	4	8	6	3
2	4	8	3	5	6	1	9	7
4	2	1	9	6	3	7	5	8
9	6	5	8	7	2	3	1	4
8	3	7	4	1	5	9	2	6

029

8	9	6	5	2	3	7	1	4
2	5	3	1	4	7	9	8	6
4	7	1	8	9	6	5	2	3
7	4	2	6	5	9	8	3	1
5	3	8	4	7	1	2	6	9
6	1	9	3	8	2	4	5	7
1	2	4	7	3	8	6	9	5
3	8	5	9	6	4	1	7	2
9	6	7	2	1	5	3	4	8

030

4	3	5	8	2	9	7	6	1
2	1	7	5	3	6	8	4	9
6	8	9	1	4	7	3	5	2
9	7	4	6	8	5	1	2	3
5	6	3	9	1	2	4	8	7
1	2	8	3	7	4	5	9	6
8	4	2	7	6	1	9	3	5
7	9	6	4	5	3	2	1	8
3	5	1	2	9	8	6	7	4

031

2	6	8	1	3	7	5	4	9
1	7	5	2	9	4	3	6	8
9	3	4	8	5	6	1	2	7
3	4	9	5	6	1	7	8	2
7	5	1	9	2	8	4	3	6
8	2	6	7	4	3	9	5	1
6	8	7	4	1	5	2	9	3
4	9	3	6	7	2	8	1	5
5	1	2	3	8	9	6	7	4

032

7	3	8	6	5	4	9	1	2
9	1	2	7	8	3	6	5	4
5	6	4	9	1	2	8	7	3
2	7	5	8	4	9	1	3	6
6	9	1	5	3	7	2	4	8
8	4	3	2	6	1	7	9	5
4	5	7	1	2	8	3	6	9
3	8	9	4	7	6	5	2	1
1	2	6	3	9	5	4	8	7

033

8	9	3	4	1	7	6	5	2
4	1	7	2	5	6	9	3	8
2	6	5	9	3	8	7	1	4
1	8	9	5	2	4	3	7	6
7	2	6	8	9	3	1	4	5
3	5	4	6	7	1	2	8	9
9	4	1	7	8	2	5	6	3
5	7	8	3	6	9	4	2	1
6	3	2	1	4	5	8	9	7

034

8	7	1	2	4	3	6	9	5
6	4	2	9	1	5	8	3	7
5	3	9	7	6	8	2	1	4
3	8	7	4	9	1	5	2	6
2	6	5	3	8	7	9	4	1
9	1	4	6	5	2	7	8	3
1	5	3	8	7	9	4	6	2
7	9	6	1	2	4	3	5	8
4	2	8	5	3	6	1	7	9

035

8	7	5	9	4	1	3	2	6
1	4	6	7	3	2	8	9	5
2	9	3	5	8	6	1	7	4
3	2	9	8	6	4	7	5	1
5	1	8	3	9	7	6	4	2
7	6	4	1	2	5	9	8	3
9	5	1	2	7	3	4	6	8
6	3	7	4	5	8	2	1	9
4	8	2	6	1	9	5	3	7

036

7	3	2	1	8	5	9	4	6
5	6	4	7	3	9	1	8	2
8	1	9	2	4	6	7	5	3
2	4	5	9	6	8	3	7	1
3	9	7	5	1	4	6	2	8
1	8	6	3	2	7	5	9	4
4	5	8	6	9	3	2	1	7
9	2	3	4	7	1	8	6	5
6	7	1	8	5	2	4	3	9

037

4	8	5	2	3	7	6	1	9
6	9	2	5	4	1	7	8	3
7	1	3	9	6	8	2	5	4
2	3	4	7	1	6	8	9	5
5	6	8	4	9	3	1	2	7
9	7	1	8	2	5	4	3	6
1	4	7	3	5	2	9	6	8
8	5	6	1	7	9	3	4	2
3	2	9	6	8	4	5	7	1

038

2	9	5	3	8	4	7	1	6
6	8	1	2	9	7	5	3	4
4	3	7	6	1	5	2	9	8
1	4	2	8	6	3	9	5	7
5	7	9	1	4	2	8	6	3
8	6	3	5	7	9	1	4	2
3	2	6	7	5	1	4	8	9
7	1	4	9	3	8	6	2	5
9	5	8	4	2	6	3	7	1

039

6	2	4	1	8	9	7	5	3
3	5	7	6	2	4	9	1	8
1	9	8	3	5	7	6	4	2
7	6	3	8	4	2	5	9	1
8	1	2	9	6	5	4	3	7
5	4	9	7	3	1	8	2	6
4	8	5	2	1	6	3	7	9
2	7	6	4	9	3	1	8	5
9	3	1	5	7	8	2	6	4

040

4	6	2	9	3	8	5	1	7
1	3	5	7	2	6	4	9	8
9	8	7	5	1	4	6	2	3
2	5	9	3	7	1	8	6	4
6	4	1	2	8	5	3	7	9
3	7	8	6	4	9	2	5	1
5	9	4	1	6	3	7	8	2
7	1	3	8	5	2	9	4	6
8	2	6	4	9	7	1	3	5

041

8	1	7	2	5	3	4	9	6
4	5	9	1	7	6	3	2	8
2	3	6	8	9	4	7	5	1
7	2	1	3	8	5	9	6	4
3	6	8	4	1	9	2	7	5
5	9	4	7	6	2	1	8	3
1	8	5	9	3	7	6	4	2
9	4	3	6	2	8	5	1	7
6	7	2	5	4	1	8	3	9

042

7	1	3	8	6	9	5	2	4
5	9	8	3	4	2	6	1	7
6	2	4	7	1	5	3	8	9
4	5	7	9	8	3	2	6	1
3	8	2	6	7	1	4	9	5
1	6	9	2	5	4	8	7	3
9	7	5	4	2	6	1	3	8
2	3	1	5	9	8	7	4	6
8	4	6	1	3	7	9	5	2

043

3	1	8	5	6	9	7	2	4
7	2	9	3	8	4	5	1	6
5	4	6	7	1	2	3	9	8
9	5	7	4	3	6	1	8	2
8	6	4	2	7	1	9	5	3
2	3	1	8	9	5	4	6	7
1	7	3	9	2	8	6	4	5
6	8	5	1	4	7	2	3	9
4	9	2	6	5	3	8	7	1

044

4	5	8	3	6	9	7	2	1
2	6	3	7	1	4	9	8	5
1	9	7	5	2	8	4	6	3
3	7	6	4	9	5	2	1	8
5	4	2	8	7	1	3	9	6
9	8	1	2	3	6	5	7	4
8	2	9	1	4	3	6	5	7
7	3	5	6	8	2	1	4	9
6	1	4	9	5	7	8	3	2

045

4	2	6	1	9	3	8	5	7
7	3	5	6	2	8	4	9	1
9	1	8	7	5	4	6	2	3
2	9	4	8	1	7	3	6	5
1	5	3	2	6	9	7	8	4
8	6	7	3	4	5	2	1	9
3	7	9	5	8	6	1	4	2
5	8	2	4	7	1	9	3	6
6	4	1	9	3	2	5	7	8

046

4	6	9	1	8	5	2	7	3
2	3	1	7	9	6	4	8	5
8	7	5	3	2	4	1	9	6
3	5	4	2	1	9	7	6	8
7	9	8	4	6	3	5	2	1
1	2	6	8	5	7	9	3	4
9	1	7	6	4	8	3	5	2
5	8	2	9	3	1	6	4	7
6	4	3	5	7	2	8	1	9

047

5	1	2	3	9	6	8	4	7
3	8	6	5	4	7	2	9	1
7	9	4	2	8	1	5	3	6
2	7	1	6	5	4	3	8	9
6	4	5	8	3	9	1	7	2
9	3	8	1	7	2	4	6	5
4	2	9	7	1	3	6	5	8
1	5	3	9	6	8	7	2	4
8	6	7	4	2	5	9	1	3

048

1	3	6	9	7	8	2	5	4
7	9	4	5	1	2	6	3	8
5	8	2	4	3	6	7	9	1
2	1	7	6	8	3	9	4	5
6	4	3	1	9	5	8	7	2
8	5	9	7	2	4	3	1	6
9	6	8	3	5	1	4	2	7
4	7	5	2	6	9	1	8	3
3	2	1	8	4	7	5	6	9

049

```
4 9 8 | 1 7 3 | 6 5 2
3 6 2 | 4 8 5 | 7 1 9
7 1 5 | 6 9 2 | 4 3 8
2 7 9 | 5 6 8 | 3 4 1
8 4 1 | 3 2 7 | 9 6 5
6 5 3 | 9 1 4 | 8 2 7
1 8 7 | 2 4 6 | 5 9 3
9 3 6 | 7 5 1 | 2 8 4
5 2 4 | 8 3 9 | 1 7 6
```

050

```
9 8 4 | 2 1 3 | 6 7 5
2 1 5 | 6 4 7 | 3 8 9
3 6 7 | 5 9 8 | 2 4 1
7 3 9 | 8 6 2 | 1 5 4
8 5 1 | 3 7 4 | 9 2 6
4 2 6 | 1 5 9 | 8 3 7
1 9 3 | 7 8 5 | 4 6 2
5 4 2 | 9 3 6 | 7 1 8
6 7 8 | 4 2 1 | 5 9 3
```

051

```
3 6 9 | 8 5 2 | 7 1 4
4 8 5 | 6 1 7 | 2 9 3
1 2 7 | 9 3 4 | 5 8 6
2 5 8 | 7 4 9 | 6 3 1
6 7 4 | 1 2 3 | 8 5 9
9 1 3 | 5 6 8 | 4 7 2
7 4 2 | 3 9 5 | 1 6 8
8 9 1 | 2 7 6 | 3 4 5
5 3 6 | 4 8 1 | 9 2 7
```

052

```
2 4 9 | 1 5 7 | 8 3 6
7 8 6 | 9 4 3 | 2 5 1
3 1 5 | 8 6 2 | 7 4 9
1 3 8 | 7 2 9 | 4 6 5
4 9 7 | 6 3 5 | 1 2 8
6 5 2 | 4 8 1 | 9 7 3
5 7 1 | 2 9 6 | 3 8 4
9 6 4 | 3 7 8 | 5 1 2
8 2 3 | 5 1 4 | 6 9 7
```

053

```
3 8 9 | 2 4 7 | 5 1 6
4 6 5 | 9 3 1 | 2 7 8
7 1 2 | 5 8 6 | 4 3 9
5 2 3 | 7 1 8 | 9 6 4
8 7 1 | 4 6 9 | 3 5 2
9 4 6 | 3 2 5 | 7 8 1
2 9 8 | 1 5 3 | 6 4 7
1 5 4 | 6 7 2 | 8 9 3
6 3 7 | 8 9 4 | 1 2 5
```

054

```
9 5 8 | 4 6 1 | 3 2 7
4 7 3 | 2 8 9 | 5 6 1
1 6 2 | 3 5 7 | 9 8 4
2 8 5 | 1 9 4 | 7 3 6
7 9 4 | 5 3 6 | 8 1 2
6 3 1 | 8 7 2 | 4 9 5
3 1 9 | 7 2 5 | 6 4 8
8 4 7 | 6 1 3 | 2 5 9
5 2 6 | 9 4 8 | 1 7 3
```

055

```
5 3 2 | 1 7 9 | 8 6 4
7 8 9 | 6 2 4 | 1 3 5
6 4 1 | 8 5 3 | 7 2 9
8 2 7 | 9 4 6 | 5 1 3
3 9 4 | 2 1 5 | 6 8 7
1 5 6 | 3 8 7 | 9 4 2
4 6 3 | 7 9 1 | 2 5 8
9 1 8 | 5 3 2 | 4 7 6
2 7 5 | 4 6 8 | 3 9 1
```

056

```
6 3 8 | 4 1 9 | 2 7 5
1 7 2 | 5 8 3 | 4 6 9
4 9 5 | 7 6 2 | 1 8 3
2 8 3 | 9 7 4 | 5 1 6
9 5 4 | 6 3 1 | 8 2 7
7 6 1 | 8 2 5 | 3 9 4
8 4 7 | 2 5 6 | 9 3 1
3 2 9 | 1 4 7 | 6 5 8
5 1 6 | 3 9 8 | 7 4 2
```

057

```
8 4 6 | 2 7 9 | 5 1 3
5 9 1 | 3 6 4 | 8 7 2
3 7 2 | 8 1 5 | 6 4 9
9 1 4 | 5 8 2 | 7 3 6
2 5 8 | 6 3 7 | 1 9 4
6 3 7 | 9 4 1 | 2 8 5
1 8 5 | 4 9 6 | 3 2 7
7 6 9 | 1 2 3 | 4 5 8
4 2 3 | 7 5 8 | 9 6 1
```

058

```
5 2 3 | 1 7 9 | 8 4 6
7 8 4 | 6 3 2 | 9 5 1
6 9 1 | 5 8 4 | 2 3 7
4 7 8 | 3 1 5 | 6 2 9
2 6 9 | 7 4 8 | 3 1 5
1 3 5 | 9 2 6 | 7 8 4
8 5 6 | 2 9 1 | 4 7 3
3 1 2 | 4 6 7 | 5 9 8
9 4 7 | 8 5 3 | 1 6 2
```

059

```
8 9 5 | 3 7 2 | 1 6 4
1 3 2 | 9 4 6 | 8 5 7
6 4 7 | 8 5 1 | 9 3 2
7 8 6 | 4 2 3 | 5 1 9
3 2 1 | 6 9 5 | 7 4 8
9 5 4 | 7 1 8 | 3 2 6
2 1 9 | 5 6 7 | 4 8 3
5 7 3 | 2 8 4 | 6 9 1
4 6 8 | 1 3 9 | 2 7 5
```

060

```
9 3 8 | 5 7 4 | 1 6 2
2 4 6 | 8 1 9 | 3 7 5
5 1 7 | 2 3 6 | 8 4 9
4 6 5 | 3 8 2 | 7 9 1
3 2 1 | 7 9 5 | 6 8 4
8 7 9 | 6 4 1 | 5 2 3
1 8 4 | 9 6 3 | 2 5 7
6 5 3 | 4 2 7 | 9 1 8
7 9 2 | 1 5 8 | 4 3 6
```

061

1	4	8	9	7	6	3	5	2
6	7	5	2	4	3	1	9	8
3	2	9	1	5	8	7	4	6
7	9	6	8	2	4	5	1	3
5	3	2	6	1	7	9	8	4
4	8	1	5	3	9	2	6	7
9	5	3	4	6	2	8	7	1
8	6	7	3	9	1	4	2	5
2	1	4	7	8	5	6	3	9

062

8	6	5	1	2	3	7	4	9
3	9	1	4	6	7	5	2	8
7	2	4	9	8	5	6	3	1
4	7	9	6	1	2	3	8	5
2	3	6	8	5	4	9	1	7
1	5	8	3	7	9	2	6	4
5	1	2	7	3	8	4	9	6
9	8	3	5	4	6	1	7	2
6	4	7	2	9	1	8	5	3

063

8	5	9	3	4	6	2	1	7
7	4	3	2	5	1	9	6	8
6	2	1	9	7	8	3	5	4
2	3	8	6	9	5	7	4	1
1	7	6	4	8	3	5	9	2
5	9	4	1	2	7	8	3	6
9	1	2	7	3	4	6	8	5
3	6	5	8	1	2	4	7	9
4	8	7	5	6	9	1	2	3

064

9	3	8	2	4	6	5	7	1
6	7	1	9	8	5	4	2	3
5	4	2	1	3	7	6	8	9
7	6	9	4	1	2	8	3	5
3	1	4	5	7	8	2	9	6
8	2	5	3	6	9	7	1	4
2	5	7	6	9	3	1	4	8
4	9	6	8	2	1	3	5	7
1	8	3	7	5	4	9	6	2

065

3	4	9	5	8	2	1	7	6
6	7	1	9	3	4	8	5	2
2	8	5	7	1	6	4	9	3
5	3	4	8	2	1	7	6	9
8	6	7	4	5	9	3	2	1
9	1	2	6	7	3	5	4	8
4	9	8	3	6	5	2	1	7
1	5	3	2	9	7	6	8	4
7	2	6	1	4	8	9	3	5

066

1	5	4	7	8	3	6	9	2
8	7	6	9	2	1	3	5	4
3	2	9	6	5	4	1	8	7
6	9	1	8	4	2	7	3	5
2	8	7	5	3	6	4	1	9
4	3	5	1	7	9	2	6	8
5	4	3	2	1	8	9	7	6
9	1	8	4	6	7	5	2	3
7	6	2	3	9	5	8	4	1

067

4	6	1	2	5	3	7	9	8
5	2	8	9	6	7	3	1	4
9	7	3	4	1	8	2	6	5
2	4	9	6	3	1	8	5	7
6	1	5	8	7	4	9	2	3
3	8	7	5	9	2	6	4	1
8	3	4	1	2	6	5	7	9
1	5	2	7	8	9	4	3	6
7	9	6	3	4	5	1	8	2

068

3	4	5	6	9	7	1	2	8
8	9	7	3	1	2	5	6	4
1	2	6	4	5	8	3	7	9
2	5	4	7	3	6	9	8	1
9	1	8	2	4	5	7	3	6
6	7	3	9	8	1	4	5	2
5	3	9	8	2	4	6	1	7
4	6	2	1	7	3	8	9	5
7	8	1	5	6	9	2	4	3

069

1	6	3	8	9	5	7	4	2
4	2	9	3	7	1	6	8	5
5	7	8	6	4	2	1	3	9
3	8	4	1	5	7	9	2	6
7	1	2	4	6	9	8	5	3
9	5	6	2	3	8	4	7	1
2	9	1	5	8	4	3	6	7
8	3	7	9	2	6	5	1	4
6	4	5	7	1	3	2	9	8

070

6	3	4	9	1	2	5	8	7
2	9	7	3	8	5	4	6	1
5	1	8	4	6	7	9	2	3
8	5	3	1	4	6	7	9	2
9	2	1	8	7	3	6	4	5
4	7	6	2	5	9	1	3	8
3	6	2	5	9	1	8	7	4
1	8	9	7	3	4	2	5	6
7	4	5	6	2	8	3	1	9

071

8	5	3	4	1	2	7	6	9
4	7	1	5	6	9	3	2	8
9	6	2	8	7	3	4	5	1
6	2	5	9	8	7	1	4	3
1	3	8	2	5	4	6	9	7
7	9	4	1	3	6	5	8	2
5	8	9	7	4	1	2	3	6
2	1	6	3	9	5	8	7	4
3	4	7	6	2	8	9	1	5

072

8	5	2	3	7	9	6	4	1
3	6	4	1	5	2	9	7	8
1	9	7	8	6	4	5	3	2
6	7	1	2	3	8	4	5	9
4	2	3	5	9	1	7	8	6
5	8	9	7	4	6	2	1	3
2	1	6	4	8	5	3	9	7
7	4	8	9	2	3	1	6	5
9	3	5	6	1	7	8	2	4

073

7	6	4	1	3	5	9	2	8
9	2	5	8	7	6	1	4	3
8	1	3	2	9	4	5	6	7
6	4	1	5	2	8	3	7	9
5	3	9	4	1	7	6	8	2
2	8	7	9	6	3	4	1	5
3	7	2	6	5	1	8	9	4
4	5	6	7	8	9	2	3	1
1	9	8	3	4	2	7	5	6

074

4	7	5	6	2	3	8	1	9
6	8	2	9	1	4	3	7	5
3	9	1	5	7	8	6	2	4
5	3	6	2	8	7	9	4	1
1	2	7	3	4	9	5	8	6
8	4	9	1	6	5	2	3	7
7	5	8	4	3	6	1	9	2
9	1	4	8	5	2	7	6	3
2	6	3	7	9	1	4	5	8

075

3	9	2	5	8	4	7	6	1
4	5	8	6	7	1	2	9	3
6	1	7	9	3	2	8	4	5
9	2	6	7	4	5	3	1	8
1	3	4	8	2	9	5	7	6
7	8	5	3	1	6	9	2	4
5	4	3	2	6	7	1	8	9
2	6	9	1	5	8	4	3	7
8	7	1	4	9	3	6	5	2

076

8	7	3	1	6	2	5	4	9
4	6	1	5	8	9	7	2	3
9	5	2	4	7	3	8	6	1
3	4	5	6	1	7	2	9	8
6	9	7	2	4	8	1	3	5
2	1	8	3	9	5	6	7	4
1	2	4	9	5	6	3	8	7
5	8	6	7	3	4	9	1	2
7	3	9	8	2	1	4	5	6

077

9	3	6	7	2	5	1	4	8
1	4	2	9	3	8	6	7	5
5	7	8	4	1	6	2	3	9
7	2	3	8	4	9	5	1	6
8	1	4	5	6	2	3	9	7
6	9	5	1	7	3	8	2	4
4	5	9	2	8	1	7	6	3
2	6	7	3	5	4	9	8	1
3	8	1	6	9	7	4	5	2

078

1	6	8	7	9	5	4	3	2
7	4	5	3	2	6	8	9	1
2	9	3	8	4	1	5	7	6
9	7	2	6	8	4	3	1	5
4	5	6	1	3	2	9	8	7
3	8	1	9	5	7	6	2	4
6	1	9	5	7	8	2	4	3
5	3	4	2	1	9	7	6	8
8	2	7	4	6	3	1	5	9

079

5	7	4	3	1	2	8	9	6
2	8	6	4	7	9	3	5	1
1	3	9	6	5	8	7	2	4
9	4	1	7	3	5	6	8	2
7	6	2	1	8	4	5	3	9
8	5	3	9	2	6	4	1	7
6	2	5	8	4	1	9	7	3
3	9	8	2	6	7	1	4	5
4	1	7	5	9	3	2	6	8

080

9	1	2	5	4	3	8	7	6
8	3	6	9	7	2	4	1	5
4	5	7	1	6	8	3	9	2
2	6	1	4	8	9	5	3	7
7	8	3	6	2	5	9	4	1
5	9	4	7	3	1	6	2	8
6	7	9	8	1	4	2	5	3
1	2	5	3	9	6	7	8	4
3	4	8	2	5	7	1	6	9

081

4	6	5	7	2	9	3	8	1
3	7	2	8	1	6	4	5	9
8	1	9	5	4	3	2	6	7
5	9	6	4	7	2	1	3	8
7	8	3	9	5	1	6	4	2
2	4	1	6	3	8	7	9	5
6	3	8	1	9	7	5	2	4
9	5	7	2	6	4	8	1	3
1	2	4	3	8	5	9	7	6

082

9	4	5	6	2	1	3	7	8
8	2	1	9	7	3	5	4	6
7	6	3	5	8	4	1	2	9
4	8	7	3	5	9	2	6	1
1	5	2	4	6	8	7	9	3
6	3	9	2	1	7	4	8	5
3	7	6	1	9	2	8	5	4
2	9	4	8	3	5	6	1	7
5	1	8	7	4	6	9	3	2

083

6	4	5	9	1	3	7	8	2
9	7	1	5	8	2	4	3	6
8	2	3	7	4	6	1	9	5
1	8	2	6	7	5	9	4	3
7	5	9	4	3	8	6	2	1
3	6	4	1	2	9	8	5	7
5	1	7	3	9	4	2	6	8
4	3	8	2	6	7	5	1	9
2	9	6	8	5	1	3	7	4

084

9	1	5	2	4	8	3	7	6
3	2	6	7	5	1	8	9	4
4	8	7	9	3	6	5	2	1
1	9	3	5	2	7	6	4	8
5	4	8	1	6	9	2	3	7
7	6	2	4	8	3	9	1	5
8	3	4	6	1	2	7	5	9
6	5	9	3	7	4	1	8	2
2	7	1	8	9	5	4	6	3

085

1	8	7	6	9	5	3	2	4
5	6	2	3	7	4	1	8	9
4	3	9	8	2	1	5	7	6
6	4	5	9	3	8	2	1	7
2	7	8	1	5	6	9	4	3
3	9	1	2	4	7	6	5	8
7	1	4	5	6	9	8	3	2
9	5	3	4	8	2	7	6	1
8	2	6	7	1	3	4	9	5

086

3	4	5	9	1	8	2	7	6
1	6	7	5	4	2	8	3	9
2	9	8	7	3	6	5	4	1
9	5	3	2	6	1	4	8	7
7	1	6	8	5	4	9	2	3
8	2	4	3	7	9	1	6	5
5	7	9	4	8	3	6	1	2
6	8	2	1	9	7	3	5	4
4	3	1	6	2	5	7	9	8

087

4	5	9	3	6	8	1	2	7
1	8	6	4	7	2	3	9	5
3	7	2	1	9	5	4	8	6
7	2	5	9	1	6	8	3	4
6	9	3	5	8	4	2	7	1
8	4	1	2	3	7	5	6	9
5	3	7	8	4	9	6	1	2
9	1	4	6	2	3	7	5	8
2	6	8	7	5	1	9	4	3

088

5	6	1	3	2	7	9	4	8
4	2	7	9	6	8	3	5	1
9	3	8	4	5	1	2	7	6
2	8	3	7	9	6	4	1	5
6	5	4	2	1	3	8	9	7
1	7	9	5	8	4	6	3	2
3	9	6	8	7	5	1	2	4
7	1	2	6	4	9	5	8	3
8	4	5	1	3	2	7	6	9

089

8	2	1	5	9	7	6	4	3
5	7	6	4	1	3	8	2	9
3	4	9	6	8	2	5	1	7
1	9	4	3	6	5	2	7	8
6	5	7	9	2	8	4	3	1
2	8	3	7	4	1	9	5	6
7	6	5	2	3	9	1	8	4
4	3	8	1	5	6	7	9	2
9	1	2	8	7	4	3	6	5

090

5	6	3	4	9	8	1	7	2
7	1	9	3	6	2	5	4	8
4	2	8	5	1	7	3	6	9
9	8	7	1	2	5	6	3	4
1	3	2	9	4	6	8	5	7
6	4	5	7	8	3	9	2	1
8	5	1	6	7	4	2	9	3
3	9	4	2	5	1	7	8	6
2	7	6	8	3	9	4	1	5

091

4	2	1	8	6	9	5	3	7
8	5	6	2	7	3	4	9	1
3	9	7	1	5	4	8	6	2
7	3	5	9	2	8	6	1	4
1	8	9	6	4	7	3	2	5
6	4	2	3	1	5	7	8	9
9	1	4	7	8	6	2	5	3
5	6	3	4	9	2	1	7	8
2	7	8	5	3	1	9	4	6

092

2	7	4	5	9	6	3	1	8
8	3	1	2	4	7	5	9	6
5	6	9	3	8	1	4	2	7
9	2	7	8	1	5	6	4	3
4	8	3	9	6	2	7	5	1
1	5	6	4	7	3	2	8	9
3	1	2	7	5	9	8	6	4
6	4	5	1	3	8	9	7	2
7	9	8	6	2	4	1	3	5

093

2	1	5	4	8	6	3	7	9
3	9	7	2	5	1	8	6	4
6	4	8	9	7	3	1	2	5
5	6	1	8	2	7	9	4	3
4	3	9	1	6	5	2	8	7
7	8	2	3	4	9	5	1	6
1	2	6	5	9	4	7	3	8
9	7	3	6	1	8	4	5	2
8	5	4	7	3	2	6	9	1

094

3	4	7	2	1	9	5	8	6
6	5	9	4	7	8	1	3	2
8	2	1	5	6	3	4	7	9
1	9	3	7	2	6	8	4	5
7	6	5	1	8	4	2	9	3
4	8	2	9	3	5	7	6	1
2	7	4	6	9	1	3	5	8
9	1	8	3	5	7	6	2	4
5	3	6	8	4	2	9	1	7

095

8	6	3	5	1	4	2	9	7
1	5	4	2	7	9	3	6	8
9	7	2	8	3	6	4	5	1
2	4	8	6	9	3	7	1	5
3	9	7	1	4	5	6	8	2
6	1	5	7	8	2	9	4	3
7	2	9	4	5	1	8	3	6
4	8	1	3	6	7	5	2	9
5	3	6	9	2	8	1	7	4

096

9	6	2	1	4	7	5	8	3
1	7	3	5	6	8	4	2	9
4	8	5	9	3	2	7	1	6
6	9	7	8	2	4	1	3	5
5	2	4	6	1	3	8	9	7
3	1	8	7	5	9	6	4	2
2	3	6	4	7	1	9	5	8
7	4	9	3	8	5	2	6	1
8	5	1	2	9	6	3	7	4

097

6	8	7	3	1	2	5	9	4
3	2	5	9	6	4	7	1	8
4	9	1	5	8	7	6	3	2
5	4	2	8	3	9	1	7	6
9	3	6	4	7	1	2	8	5
1	7	8	2	5	6	9	4	3
7	5	4	6	9	3	8	2	1
8	1	3	7	2	5	4	6	9
2	6	9	1	4	8	3	5	7

098

7	9	4	5	2	1	8	6	3
3	1	6	9	7	8	5	4	2
8	2	5	6	3	4	1	9	7
6	8	1	4	9	2	3	7	5
2	4	7	3	5	6	9	8	1
5	3	9	8	1	7	4	2	6
4	6	2	1	8	5	7	3	9
1	7	3	2	4	9	6	5	8
9	5	8	7	6	3	2	1	4

099

5	1	6	7	2	4	9	3	8
7	3	2	9	1	8	5	4	6
9	4	8	5	3	6	7	2	1
1	5	7	8	4	2	3	6	9
4	6	3	1	5	9	2	8	7
8	2	9	3	6	7	1	5	4
6	8	5	2	7	1	4	9	3
2	9	1	4	8	3	6	7	5
3	7	4	6	9	5	8	1	2

100

8	3	7	5	1	4	2	6	9
2	4	9	7	6	3	1	5	8
6	5	1	9	8	2	7	4	3
7	1	3	4	9	5	6	8	2
9	6	2	1	7	8	4	3	5
5	8	4	3	2	6	9	1	7
1	7	8	6	3	9	5	2	4
3	9	5	2	4	1	8	7	6
4	2	6	8	5	7	3	9	1

101

9	3	1	8	2	4	7	6	5
4	8	5	7	9	6	2	1	3
7	2	6	3	1	5	4	9	8
5	9	2	1	7	8	3	4	6
3	1	4	9	6	2	5	8	7
6	7	8	5	4	3	1	2	9
8	5	9	2	3	1	6	7	4
2	6	3	4	8	7	9	5	1
1	4	7	6	5	9	8	3	2

102

9	1	2	6	5	7	8	3	4
7	6	3	2	4	8	5	9	1
4	8	5	1	3	9	7	6	2
5	2	4	7	1	6	3	8	9
6	7	1	9	8	3	4	2	5
8	3	9	4	2	5	6	1	7
1	4	7	3	6	2	9	5	8
2	5	6	8	9	4	1	7	3
3	9	8	5	7	1	2	4	6

103

1	2	5	4	7	9	8	6	3
6	8	4	2	1	3	5	7	9
7	9	3	5	8	6	4	2	1
4	5	7	8	2	1	9	3	6
8	3	2	9	6	7	1	4	5
9	6	1	3	4	5	7	8	2
3	7	9	6	5	8	2	1	4
5	4	8	1	3	2	6	9	7
2	1	6	7	9	4	3	5	8

104

7	2	1	3	6	9	4	5	8
9	5	8	7	2	4	3	6	1
6	3	4	8	1	5	2	7	9
3	7	9	6	8	1	5	4	2
5	8	6	4	9	2	1	3	7
1	4	2	5	3	7	8	9	6
8	9	3	2	4	6	7	1	5
4	1	5	9	7	8	6	2	3
2	6	7	1	5	3	9	8	4

105

2	9	1	6	3	7	5	4	8
8	6	7	9	4	5	1	3	2
4	3	5	8	2	1	9	6	7
9	5	6	4	1	2	7	8	3
1	8	2	3	7	9	6	5	4
3	7	4	5	8	6	2	9	1
6	2	8	7	9	4	3	1	5
7	4	9	1	5	3	8	2	6
5	1	3	2	6	8	4	7	9

106

5	9	1	4	7	6	3	8	2
6	2	8	9	5	3	4	7	1
7	4	3	1	2	8	6	9	5
9	3	4	5	1	7	2	6	8
1	5	7	8	6	2	9	4	3
8	6	2	3	4	9	1	5	7
2	1	6	7	9	5	8	3	4
4	8	5	6	3	1	7	2	9
3	7	9	2	8	4	5	1	6

107

4	8	1	3	9	5	7	6	2
5	9	6	7	4	2	3	8	1
2	7	3	6	8	1	5	9	4
9	1	2	8	5	6	4	3	7
8	4	5	9	3	7	1	2	6
3	6	7	2	1	4	9	5	8
6	5	4	1	2	3	8	7	9
7	3	9	4	6	8	2	1	5
1	2	8	5	7	9	6	4	3

108

4	9	7	6	3	1	8	2	5
3	5	8	9	4	2	1	7	6
6	1	2	7	8	5	4	9	3
2	6	3	4	5	7	9	8	1
8	7	1	3	2	9	6	5	4
5	4	9	8	1	6	2	3	7
1	2	6	5	9	3	7	4	8
7	8	5	2	6	4	3	1	9
9	3	4	1	7	8	5	6	2

109

5	2	1	7	8	9	4	6	3
8	4	9	6	5	3	1	2	7
7	6	3	4	1	2	8	5	9
4	8	7	2	6	1	3	9	5
3	9	6	8	7	5	2	1	4
1	5	2	9	3	4	7	8	6
2	1	5	3	4	6	9	7	8
9	3	8	5	2	7	6	4	1
6	7	4	1	9	8	5	3	2

110

1	7	4	8	3	6	5	2	9
6	2	5	9	4	7	8	3	1
8	9	3	1	5	2	6	4	7
5	6	7	4	8	9	3	1	2
2	1	8	5	7	3	9	6	4
3	4	9	6	2	1	7	5	8
9	3	1	7	6	4	2	8	5
4	8	2	3	9	5	1	7	6
7	5	6	2	1	8	4	9	3

111

8	5	4	1	3	9	7	6	2
6	9	7	5	2	8	4	1	3
1	2	3	6	7	4	8	5	9
7	6	5	4	8	2	9	3	1
4	8	2	9	1	3	6	7	5
3	1	9	7	5	6	2	4	8
5	3	8	2	6	7	1	9	4
9	7	1	8	4	5	3	2	6
2	4	6	3	9	1	5	8	7

112

3	2	9	8	7	1	4	6	5
8	1	4	9	6	5	7	3	2
5	7	6	2	4	3	9	1	8
9	6	8	1	2	4	3	5	7
2	4	1	5	3	7	8	9	6
7	3	5	6	8	9	2	4	1
6	9	2	3	1	8	5	7	4
1	5	7	4	9	2	6	8	3
4	8	3	7	5	6	1	2	9

113

8	1	6	7	2	9	5	3	4
5	9	3	6	1	4	8	2	7
4	2	7	8	3	5	1	9	6
1	6	4	9	7	3	2	5	8
2	7	8	5	6	1	9	4	3
9	3	5	2	4	8	6	7	1
6	8	2	3	5	7	4	1	9
7	5	1	4	9	6	3	8	2
3	4	9	1	8	2	7	6	5

114

1	2	7	3	4	8	6	5	9
5	8	3	2	9	6	1	4	7
9	6	4	1	7	5	3	2	8
3	5	8	9	1	2	4	7	6
2	1	9	7	6	4	5	8	3
7	4	6	5	8	3	2	9	1
4	9	1	6	5	7	8	3	2
6	3	5	8	2	9	7	1	4
8	7	2	4	3	1	9	6	5

115

6	5	8	9	4	3	2	7	1
2	9	7	5	6	1	8	4	3
1	3	4	2	7	8	9	5	6
9	1	5	6	3	7	4	2	8
7	2	3	4	8	9	1	6	5
8	4	6	1	5	2	3	9	7
4	6	2	3	1	5	7	8	9
3	8	9	7	2	6	5	1	4
5	7	1	8	9	4	6	3	2

116

9	1	2	8	6	4	7	5	3
5	3	4	1	9	7	6	8	2
8	6	7	3	5	2	4	9	1
7	2	6	9	4	5	1	3	8
3	9	5	7	1	8	2	6	4
1	4	8	6	2	3	5	7	9
2	5	9	4	3	6	8	1	7
6	8	1	2	7	9	3	4	5
4	7	3	5	8	1	9	2	6

117

8	4	1	9	6	3	5	2	7
2	3	9	7	8	5	1	6	4
5	7	6	1	4	2	8	3	9
7	5	8	4	3	9	2	1	6
3	9	4	2	1	6	7	8	5
6	1	2	8	5	7	4	9	3
4	2	5	3	9	8	6	7	1
1	8	3	6	7	4	9	5	2
9	6	7	5	2	1	3	4	8

118

7	6	8	5	2	1	4	3	9
3	5	1	6	9	4	2	8	7
4	9	2	3	7	8	1	5	6
8	1	3	2	6	5	7	9	4
2	7	5	8	4	9	6	1	3
6	4	9	7	1	3	5	2	8
5	2	6	9	8	7	3	4	1
9	3	4	1	5	6	8	7	2
1	8	7	4	3	2	9	6	5

119

7	1	4	5	6	9	2	3	8
5	9	8	3	1	2	4	7	6
2	6	3	7	8	4	1	9	5
6	2	9	4	3	5	7	8	1
3	4	7	8	2	1	6	5	9
1	8	5	6	9	7	3	4	2
9	7	2	1	5	3	8	6	4
4	5	6	2	7	8	9	1	3
8	3	1	9	4	6	5	2	7

120

3	1	7	2	4	5	9	8	6
9	6	4	8	3	7	2	5	1
5	2	8	9	6	1	4	7	3
4	7	6	5	2	3	8	1	9
2	9	3	1	8	6	5	4	7
1	8	5	4	7	9	3	6	2
7	4	2	3	1	8	6	9	5
6	3	9	7	5	4	1	2	8
8	5	1	6	9	2	7	3	4

121

3	1	9	2	6	4	7	5	8
8	2	5	3	1	7	6	4	9
7	4	6	9	8	5	2	3	1
6	3	7	5	9	2	1	8	4
2	8	4	7	3	1	9	6	5
9	5	1	8	4	6	3	2	7
4	9	3	1	2	8	5	7	6
1	7	8	6	5	3	4	9	2
5	6	2	4	7	9	8	1	3

122

5	2	3	9	8	4	1	6	7
4	9	7	5	1	6	2	3	8
8	1	6	7	2	3	4	9	5
2	8	5	1	7	9	6	4	3
3	6	9	8	4	5	7	1	2
1	7	4	3	6	2	5	8	9
9	4	8	2	5	1	3	7	6
6	3	2	4	9	7	8	5	1
7	5	1	6	3	8	9	2	4

123

7	1	2	5	6	3	9	8	4
9	6	8	7	1	4	2	3	5
3	5	4	8	2	9	7	1	6
5	9	3	6	7	8	4	2	1
2	4	7	1	9	5	3	6	8
1	8	6	3	4	2	5	9	7
8	2	1	9	5	7	6	4	3
4	3	5	2	8	6	1	7	9
6	7	9	4	3	1	8	5	2

124

9	1	5	2	4	7	8	3	6
6	8	3	1	5	9	2	7	4
2	4	7	3	6	8	5	1	9
4	2	1	7	9	5	3	6	8
3	6	9	8	2	4	7	5	1
7	5	8	6	3	1	4	9	2
1	7	4	9	8	3	6	2	5
5	9	6	4	7	2	1	8	3
8	3	2	5	1	6	9	4	7

125

6	2	9	7	4	3	5	8	1
1	3	8	9	6	5	7	2	4
4	5	7	2	1	8	3	6	9
5	4	3	6	7	2	1	9	8
7	1	6	5	8	9	2	4	3
9	8	2	4	3	1	6	7	5
2	6	1	8	5	4	9	3	7
3	7	4	1	9	6	8	5	2
8	9	5	3	2	7	4	1	6

126

4	3	7	8	1	9	5	2	6
5	9	2	3	6	7	8	4	1
1	8	6	2	4	5	7	3	9
9	4	1	7	3	6	2	5	8
8	7	5	9	2	4	1	6	3
2	6	3	1	5	8	9	7	4
6	5	9	4	8	2	3	1	7
3	2	8	6	7	1	4	9	5
7	1	4	5	9	3	6	8	2

127

5	2	3	4	1	8	7	9	6
7	1	6	5	2	9	4	8	3
4	8	9	7	3	6	1	5	2
1	5	8	9	6	4	3	2	7
9	7	2	1	5	3	8	6	4
3	6	4	8	7	2	5	1	9
8	3	7	2	9	1	6	4	5
6	9	1	3	4	5	2	7	8
2	4	5	6	8	7	9	3	1

128

8	6	7	9	4	3	2	1	5
9	2	4	6	1	5	7	8	3
3	1	5	7	8	2	9	6	4
4	5	2	3	6	1	8	7	9
1	9	8	4	5	7	6	3	2
6	7	3	8	2	9	5	4	1
7	4	1	2	9	8	3	5	6
2	8	6	5	3	4	1	9	7
5	3	9	1	7	6	4	2	8

129

2	7	8	4	9	5	1	6	3
9	5	6	2	3	1	4	7	8
4	3	1	8	6	7	5	2	9
1	2	3	6	7	9	8	4	5
5	4	7	1	2	8	9	3	6
6	8	9	5	4	3	7	1	2
7	6	4	9	5	2	3	8	1
8	9	2	3	1	4	6	5	7
3	1	5	7	8	6	2	9	4

130

7	5	4	3	8	6	1	2	9
3	2	1	4	7	9	6	8	5
6	9	8	5	2	1	3	7	4
2	6	9	1	4	7	5	3	8
8	1	3	9	5	2	7	4	6
5	4	7	8	6	3	2	9	1
1	3	2	6	9	8	4	5	7
9	7	5	2	1	4	8	6	3
4	8	6	7	3	5	9	1	2

131

5	4	6	8	3	7	1	2	9
9	8	2	6	4	1	5	3	7
3	7	1	5	2	9	8	6	4
2	1	3	7	9	5	4	8	6
7	6	5	3	8	4	2	9	1
8	9	4	2	1	6	7	5	3
6	5	9	4	7	2	3	1	8
4	2	8	1	6	3	9	7	5
1	3	7	9	5	8	6	4	2

132

7	8	9	6	2	3	1	5	4
4	5	1	8	7	9	2	3	6
3	2	6	4	1	5	9	8	7
1	6	5	3	4	7	8	2	9
2	4	8	1	9	6	3	7	5
9	7	3	5	8	2	4	6	1
5	3	4	2	6	1	7	9	8
6	1	7	9	3	8	5	4	2
8	9	2	7	5	4	6	1	3

133

7	1	5	8	3	2	4	9	6
3	8	9	7	6	4	5	1	2
2	6	4	9	1	5	7	3	8
6	9	8	1	7	3	2	5	4
4	3	7	5	2	6	9	8	1
5	2	1	4	8	9	3	6	7
9	7	2	6	5	1	8	4	3
1	4	3	2	9	8	6	7	5
8	5	6	3	4	7	1	2	9

134

9	7	2	5	1	8	3	4	6
5	1	4	2	3	6	7	9	8
3	8	6	9	4	7	2	1	5
2	6	1	8	7	5	4	3	9
4	5	3	6	9	1	8	7	2
8	9	7	4	2	3	5	6	1
1	2	5	3	6	4	9	8	7
7	3	8	1	5	9	6	2	4
6	4	9	7	8	2	1	5	3

135

9	2	4	7	5	8	6	1	3
1	5	3	6	9	2	8	4	7
8	6	7	1	4	3	9	2	5
7	3	1	9	8	4	5	6	2
4	9	6	5	2	1	7	3	8
5	8	2	3	7	6	4	9	1
2	4	5	8	1	9	3	7	6
3	1	8	4	6	7	2	5	9
6	7	9	2	3	5	1	8	4

136

5	6	4	2	3	7	1	8	9
9	7	2	1	6	8	3	5	4
8	3	1	4	9	5	6	7	2
6	2	8	5	4	9	7	3	1
1	5	3	8	7	2	4	9	6
4	9	7	6	1	3	5	2	8
7	8	6	3	2	1	9	4	5
3	1	5	9	8	4	2	6	7
2	4	9	7	5	6	8	1	3

137

4	6	9	7	2	3	8	1	5
1	5	7	4	6	8	9	3	2
8	2	3	1	5	9	4	7	6
2	3	1	9	7	6	5	4	8
7	8	6	2	4	5	1	9	3
5	9	4	8	3	1	6	2	7
9	1	2	5	8	7	3	6	4
3	4	8	6	1	2	7	5	9
6	7	5	3	9	4	2	8	1

138

4	8	9	1	2	7	6	3	5
5	6	1	3	9	8	4	7	2
2	3	7	6	4	5	1	8	9
1	4	5	2	3	6	7	9	8
9	2	8	7	5	4	3	6	1
3	7	6	8	1	9	2	5	4
8	1	4	5	6	3	9	2	7
6	5	2	9	7	1	8	4	3
7	9	3	4	8	2	5	1	6

139

9	1	5	4	2	7	6	8	3
4	3	2	5	6	8	1	7	9
6	7	8	9	3	1	4	2	5
1	9	7	3	8	6	5	4	2
3	2	6	1	4	5	8	9	7
5	8	4	2	7	9	3	6	1
8	4	1	7	5	2	9	3	6
7	6	9	8	1	3	2	5	4
2	5	3	6	9	4	7	1	8

140

7	8	3	2	9	4	6	1	5
1	4	5	6	8	3	2	9	7
2	9	6	1	5	7	3	8	4
5	7	8	4	1	6	9	2	3
3	2	4	8	7	9	5	6	1
9	6	1	3	2	5	4	7	8
4	5	7	9	6	8	1	3	2
6	3	2	7	4	1	8	5	9
8	1	9	5	3	2	7	4	6

141

7	2	1	5	9	3	4	8	6
8	6	5	7	4	2	1	9	3
4	3	9	1	8	6	7	5	2
9	8	6	4	7	5	3	2	1
2	4	3	6	1	8	9	7	5
5	1	7	2	3	9	8	6	4
6	9	4	8	2	1	5	3	7
3	7	2	9	5	4	6	1	8
1	5	8	3	6	7	2	4	9

142

6	3	2	4	8	5	9	1	7
8	5	1	7	3	9	6	4	2
9	4	7	1	6	2	3	5	8
4	9	3	8	7	1	5	2	6
1	2	6	5	9	4	7	8	3
5	7	8	3	2	6	4	9	1
7	8	4	2	5	3	1	6	9
2	1	9	6	4	7	8	3	5
3	6	5	9	1	8	2	7	4

143

2	7	9	4	6	8	1	5	3
8	4	6	5	3	1	7	9	2
5	1	3	9	7	2	4	8	6
7	6	4	1	9	5	3	2	8
3	9	8	6	2	4	5	1	7
1	5	2	7	8	3	9	6	4
4	8	5	2	1	7	6	3	9
6	3	1	8	4	9	2	7	5
9	2	7	3	5	6	8	4	1

144

5	2	6	1	8	9	4	7	3
1	9	3	7	2	4	5	8	6
4	7	8	5	3	6	9	2	1
8	4	9	6	5	1	2	3	7
6	3	5	2	4	7	8	1	9
7	1	2	8	9	3	6	4	5
3	6	4	9	1	8	7	5	2
9	5	1	4	7	2	3	6	8
2	8	7	3	6	5	1	9	4

145

6	5	1	9	8	2	3	7	4
2	3	4	1	6	7	5	9	8
9	8	7	3	4	5	2	1	6
4	2	5	7	3	8	9	6	1
3	6	8	4	9	1	7	5	2
1	7	9	2	5	6	4	8	3
5	1	3	8	2	9	6	4	7
7	4	6	5	1	3	8	2	9
8	9	2	6	7	4	1	3	5

146

9	1	3	4	7	6	2	5	8
4	5	6	2	9	8	7	3	1
7	2	8	1	3	5	4	6	9
6	8	5	9	4	3	1	7	2
3	9	7	8	2	1	5	4	6
1	4	2	5	6	7	9	8	3
8	6	4	7	1	2	3	9	5
2	3	9	6	5	4	8	1	7
5	7	1	3	8	9	6	2	4

147

4	8	5	9	2	3	6	1	7
3	1	6	4	5	7	2	9	8
2	7	9	6	1	8	5	4	3
8	5	4	7	3	9	1	6	2
6	2	3	8	4	1	9	7	5
7	9	1	5	6	2	8	3	4
5	3	2	1	9	4	7	8	6
9	4	8	2	7	6	3	5	1
1	6	7	3	8	5	4	2	9

148

4	7	6	1	2	5	3	9	8
9	1	5	7	8	3	2	6	4
3	8	2	9	4	6	7	5	1
1	6	3	5	7	4	8	2	9
8	5	9	3	1	2	4	7	6
2	4	7	6	9	8	5	1	3
7	3	4	2	6	1	9	8	5
6	9	8	4	5	7	1	3	2
5	2	1	8	3	9	6	4	7

149

8	4	1	7	2	3	9	6	5
9	7	5	6	8	4	1	2	3
3	6	2	9	5	1	8	4	7
5	2	9	3	1	8	4	7	6
1	3	7	2	4	6	5	9	8
4	8	6	5	7	9	3	1	2
2	9	8	4	6	5	7	3	1
6	1	4	8	3	7	2	5	9
7	5	3	1	9	2	6	8	4

150

9	1	4	2	3	8	6	7	5
8	3	5	9	6	7	1	4	2
6	7	2	4	5	1	9	3	8
3	8	9	6	4	5	2	1	7
4	6	7	8	1	2	3	5	9
5	2	1	7	9	3	4	8	6
7	5	6	1	2	4	8	9	3
1	9	8	3	7	6	5	2	4
2	4	3	5	8	9	7	6	1

151

8	3	7	9	2	4	1	6	5
4	5	9	3	6	1	7	2	8
2	1	6	7	5	8	9	3	4
9	8	1	4	3	2	6	5	7
7	2	4	6	9	5	8	1	3
3	6	5	8	1	7	2	4	9
6	9	2	5	7	3	4	8	1
5	7	8	1	4	6	3	9	2
1	4	3	2	8	9	5	7	6

152

7	2	5	9	8	3	4	1	6
8	4	3	6	5	1	7	9	2
1	9	6	2	4	7	8	3	5
5	3	4	1	6	9	2	8	7
2	6	8	7	3	5	9	4	1
9	7	1	4	2	8	5	6	3
6	8	2	3	7	4	1	5	9
3	5	9	8	1	2	6	7	4
4	1	7	5	9	6	3	2	8

153

9	1	3	2	7	8	4	6	5
7	6	5	1	3	4	8	2	9
8	2	4	9	6	5	1	7	3
1	9	7	6	8	3	5	4	2
4	5	2	7	9	1	6	3	8
6	3	8	4	5	2	7	9	1
2	4	6	5	1	9	3	8	7
3	7	1	8	2	6	9	5	4
5	8	9	3	4	7	2	1	6

154

8	1	7	4	6	5	9	2	3
9	4	6	1	2	3	8	7	5
3	5	2	8	9	7	6	4	1
7	6	4	3	5	1	2	9	8
2	8	5	7	4	9	3	1	6
1	3	9	6	8	2	4	5	7
6	2	3	5	1	4	7	8	9
5	9	8	2	7	6	1	3	4
4	7	1	9	3	8	5	6	2

155

5	2	7	9	6	4	3	1	8
6	3	4	1	2	8	7	5	9
9	8	1	7	3	5	6	4	2
3	6	8	2	4	1	5	9	7
7	5	9	3	8	6	4	2	1
1	4	2	5	9	7	8	3	6
4	9	3	6	7	2	1	8	5
8	1	6	4	5	9	2	7	3
2	7	5	8	1	3	9	6	4

156

7	5	4	3	1	9	6	2	8
1	2	6	7	8	4	9	5	3
8	3	9	2	5	6	4	1	7
5	4	3	6	7	1	2	8	9
2	8	1	9	3	5	7	6	4
9	6	7	4	2	8	5	3	1
6	7	8	5	4	3	1	9	2
3	9	2	1	6	7	8	4	5
4	1	5	8	9	2	3	7	6

157

```
6 1 5 | 8 4 7 | 9 2 3
9 4 7 | 6 3 2 | 5 8 1
3 2 8 | 9 5 1 | 4 7 6
4 6 2 | 5 9 8 | 3 1 7
7 3 1 | 2 6 4 | 8 5 9
5 8 9 | 7 1 3 | 2 6 4
8 9 4 | 1 7 5 | 6 3 2
2 7 6 | 3 8 9 | 1 4 5
1 5 3 | 4 2 6 | 7 9 8
```

158

```
4 2 9 | 6 7 3 | 1 8 5
8 5 6 | 9 1 2 | 4 7 3
1 7 3 | 4 5 8 | 9 6 2
2 6 1 | 7 9 5 | 8 3 4
7 9 8 | 2 3 4 | 6 5 1
3 4 5 | 8 6 1 | 2 9 7
6 3 4 | 5 2 9 | 7 1 8
9 1 2 | 3 8 7 | 5 4 6
5 8 7 | 1 4 6 | 3 2 9
```

159

```
4 2 1 | 6 7 8 | 3 9 5
3 5 9 | 4 1 2 | 7 6 8
8 6 7 | 9 3 5 | 4 1 2
5 3 6 | 1 2 9 | 8 4 7
1 4 2 | 7 8 6 | 9 5 3
7 9 8 | 3 5 4 | 6 2 1
6 1 5 | 8 9 3 | 2 7 4
9 7 3 | 2 4 1 | 5 8 6
2 8 4 | 5 6 7 | 1 3 9
```

160

```
2 3 8 | 6 7 9 | 5 4 1
9 7 4 | 1 3 5 | 2 6 8
6 5 1 | 2 4 8 | 9 3 7
5 9 2 | 3 6 7 | 8 1 4
3 4 7 | 8 2 1 | 6 5 9
1 8 6 | 5 9 4 | 3 7 2
7 1 3 | 9 8 6 | 4 2 5
8 6 5 | 4 1 2 | 7 9 3
4 2 9 | 7 5 3 | 1 8 6
```

161

```
7 5 6 | 4 8 1 | 2 9 3
3 9 8 | 5 7 2 | 1 6 4
2 4 1 | 3 6 9 | 7 5 8
5 7 2 | 6 3 4 | 8 1 9
4 6 9 | 8 1 7 | 3 2 5
1 8 3 | 2 9 5 | 4 7 6
8 3 7 | 1 5 6 | 9 4 2
9 2 5 | 7 4 8 | 6 3 1
6 1 4 | 9 2 3 | 5 8 7
```

162

```
7 6 3 | 5 1 2 | 9 4 8
4 1 5 | 6 8 9 | 2 3 7
9 8 2 | 7 3 4 | 5 6 1
8 2 9 | 1 6 3 | 4 7 5
6 4 1 | 2 7 5 | 3 8 9
3 5 7 | 4 9 8 | 1 2 6
2 7 4 | 9 5 6 | 8 1 3
5 3 6 | 8 2 1 | 7 9 4
1 9 8 | 3 4 7 | 6 5 2
```

163

```
8 5 7 | 4 2 9 | 3 1 6
1 3 2 | 8 6 5 | 9 4 7
6 9 4 | 1 3 7 | 5 8 2
2 8 5 | 6 7 1 | 4 3 9
7 4 3 | 9 5 8 | 2 6 1
9 1 6 | 3 4 2 | 8 7 5
4 6 9 | 5 1 3 | 7 2 8
3 2 8 | 7 9 6 | 1 5 4
5 7 1 | 2 8 4 | 6 9 3
```

164

```
8 1 5 | 4 2 6 | 7 9 3
6 3 2 | 5 9 7 | 8 1 4
4 9 7 | 1 8 3 | 5 2 6
7 8 3 | 2 4 9 | 1 6 5
1 2 6 | 3 7 5 | 9 4 8
9 5 4 | 6 1 8 | 3 7 2
3 4 9 | 8 6 1 | 2 5 7
5 6 1 | 7 3 2 | 4 8 9
2 7 8 | 9 5 4 | 6 3 1
```

165

```
6 7 8 | 1 3 2 | 4 5 9
5 2 9 | 6 8 4 | 1 3 7
1 4 3 | 9 7 5 | 6 8 2
4 1 5 | 3 2 6 | 7 9 8
9 6 7 | 8 5 1 | 3 2 4
3 8 2 | 4 9 7 | 5 1 6
7 9 4 | 2 1 3 | 8 6 5
8 3 6 | 5 4 9 | 2 7 1
2 5 1 | 7 6 8 | 9 4 3
```

166

```
7 2 1 | 6 3 4 | 8 9 5
4 3 6 | 5 8 9 | 1 7 2
5 8 9 | 2 1 7 | 4 3 6
2 6 7 | 9 5 8 | 3 4 1
3 1 4 | 7 6 2 | 9 5 8
8 9 5 | 3 4 1 | 6 2 7
6 4 3 | 8 7 5 | 2 1 9
9 7 8 | 1 2 3 | 5 6 4
1 5 2 | 4 9 6 | 7 8 3
```

167

```
6 4 8 | 2 5 9 | 7 1 3
7 9 3 | 8 1 6 | 4 5 2
5 1 2 | 3 7 4 | 6 9 8
4 6 1 | 9 2 3 | 8 7 5
9 2 7 | 6 8 5 | 3 4 1
3 8 5 | 1 4 7 | 2 6 9
8 7 6 | 5 3 1 | 9 2 4
1 3 4 | 7 9 2 | 5 8 6
2 5 9 | 4 6 8 | 1 3 7
```

168

```
9 1 7 | 3 6 5 | 8 4 2
5 2 4 | 7 8 9 | 3 1 6
6 8 3 | 4 2 1 | 9 5 7
7 6 2 | 1 4 3 | 5 9 8
4 9 5 | 6 7 8 | 1 2 3
8 3 1 | 9 5 2 | 7 6 4
2 7 8 | 5 1 4 | 6 3 9
1 4 9 | 8 3 6 | 2 7 5
3 5 6 | 2 9 7 | 4 8 1
```

169

9	8	3	1	4	7	6	2	5
6	5	4	9	8	2	7	1	3
2	1	7	5	6	3	9	4	8
4	9	5	8	2	1	3	7	6
8	2	6	3	7	9	1	5	4
7	3	1	6	5	4	2	8	9
5	4	2	7	3	6	8	9	1
3	7	9	4	1	8	5	6	2
1	6	8	2	9	5	4	3	7

170

8	4	7	9	2	6	5	3	1
9	5	1	4	8	3	7	6	2
3	2	6	5	7	1	9	4	8
7	8	4	3	9	2	6	1	5
2	9	3	6	1	5	4	8	7
1	6	5	7	4	8	2	9	3
5	1	8	2	6	4	3	7	9
6	3	9	1	5	7	8	2	4
4	7	2	8	3	9	1	5	6

171

2	7	3	9	6	4	8	5	1
6	9	5	2	8	1	7	3	4
1	8	4	3	5	7	6	9	2
7	4	8	6	1	9	5	2	3
5	2	9	8	7	3	1	4	6
3	1	6	4	2	5	9	8	7
9	6	7	5	3	2	4	1	8
8	5	2	1	4	6	3	7	9
4	3	1	7	9	8	2	6	5

172

6	5	9	8	4	2	3	1	7
3	1	4	9	6	7	5	8	2
7	2	8	1	5	3	4	6	9
4	7	1	6	2	8	9	5	3
5	3	2	7	9	1	8	4	6
8	9	6	5	3	4	2	7	1
9	8	5	3	1	6	7	2	4
2	6	3	4	7	5	1	9	8
1	4	7	2	8	9	6	3	5

173

6	8	7	9	4	1	5	3	2
4	2	3	7	6	5	1	8	9
1	5	9	3	8	2	7	4	6
9	1	5	2	3	6	4	7	8
3	4	2	1	7	8	9	6	5
7	6	8	5	9	4	2	1	3
5	7	4	8	2	3	6	9	1
8	9	1	6	5	7	3	2	4
2	3	6	4	1	9	8	5	7

174

6	9	5	8	4	2	1	3	7
2	1	3	7	9	6	8	5	4
4	7	8	1	3	5	6	9	2
3	4	6	9	1	8	2	7	5
5	2	1	4	6	7	9	8	3
7	8	9	2	5	3	4	1	6
9	6	2	3	7	1	5	4	8
8	3	4	5	2	9	7	6	1
1	5	7	6	8	4	3	2	9

175

2	4	3	9	8	6	1	7	5
7	9	5	4	2	1	8	6	3
1	8	6	3	7	5	4	9	2
4	6	2	8	1	3	7	5	9
3	1	8	7	5	9	2	4	6
9	5	7	2	6	4	3	1	8
5	3	4	1	9	8	6	2	7
6	2	1	5	3	7	9	8	4
8	7	9	6	4	2	5	3	1

176

2	8	3	4	1	9	6	7	5
4	1	6	2	5	7	8	9	3
9	7	5	3	8	6	2	1	4
8	4	9	6	3	5	7	2	1
3	2	1	9	7	8	5	4	6
5	6	7	1	4	2	9	3	8
6	9	4	8	2	1	3	5	7
1	5	8	7	9	3	4	6	2
7	3	2	5	6	4	1	8	9

177

2	7	5	1	9	8	4	6	3
9	4	1	3	2	6	7	8	5
3	6	8	5	4	7	1	2	9
1	9	4	2	5	3	8	7	6
5	2	7	8	6	9	3	4	1
8	3	6	7	1	4	5	9	2
7	5	2	9	8	1	6	3	4
6	1	3	4	7	2	9	5	8
4	8	9	6	3	5	2	1	7

178

2	1	8	3	5	7	9	4	6
4	9	3	2	1	6	8	5	7
6	5	7	8	9	4	1	2	3
5	6	9	4	7	8	2	3	1
1	8	2	9	6	3	4	7	5
3	7	4	5	2	1	6	8	9
7	3	1	6	4	2	5	9	8
9	4	6	7	8	5	3	1	2
8	2	5	1	3	9	7	6	4

179

8	6	7	2	4	9	3	5	1
9	5	3	8	6	1	7	2	4
4	2	1	7	3	5	6	9	8
2	4	5	6	8	7	1	3	9
7	9	6	3	1	4	2	8	5
1	3	8	5	9	2	4	6	7
6	8	4	1	5	3	9	7	2
3	7	9	4	2	8	5	1	6
5	1	2	9	7	6	8	4	3

180

5	1	4	8	6	7	9	3	2
8	9	7	5	3	2	4	6	1
6	3	2	4	1	9	5	8	7
1	2	5	9	8	4	6	7	3
9	8	3	1	7	6	2	4	5
7	4	6	3	2	5	1	9	8
3	6	8	2	4	1	7	5	9
2	7	9	6	5	8	3	1	4
4	5	1	7	9	3	8	2	6

181

6	4	5	1	2	7	8	9	3
9	7	3	6	5	8	2	4	1
8	1	2	4	3	9	5	6	7
1	3	6	5	8	4	9	7	2
4	2	9	7	6	3	1	8	5
7	5	8	9	1	2	4	3	6
3	8	1	2	9	6	7	5	4
2	6	4	8	7	5	3	1	9
5	9	7	3	4	1	6	2	8

182

5	8	9	6	1	4	7	3	2
7	2	3	9	8	5	6	1	4
6	1	4	7	3	2	9	5	8
4	6	7	3	5	1	2	8	9
1	5	2	8	4	9	3	6	7
3	9	8	2	7	6	5	4	1
2	4	1	5	6	7	8	9	3
8	7	5	4	9	3	1	2	6
9	3	6	1	2	8	4	7	5

183

9	8	7	5	2	3	4	6	1
1	6	2	4	8	7	3	9	5
3	4	5	6	1	9	8	2	7
8	2	6	7	5	1	9	4	3
4	1	9	2	3	6	7	5	8
7	5	3	9	4	8	6	1	2
2	9	1	8	7	4	5	3	6
5	7	4	3	6	2	1	8	9
6	3	8	1	9	5	2	7	4

184

1	4	6	2	3	5	8	9	7
2	3	5	9	7	8	6	4	1
8	7	9	1	4	6	5	3	2
7	8	2	4	1	9	3	5	6
4	5	3	8	6	7	2	1	9
9	6	1	5	2	3	4	7	8
3	1	4	6	9	2	7	8	5
6	9	8	7	5	4	1	2	3
5	2	7	3	8	1	9	6	4

185

5	7	4	8	2	9	3	6	1
3	1	6	7	4	5	8	2	9
8	9	2	6	3	1	5	7	4
2	3	8	9	7	6	1	4	5
1	4	5	2	8	3	6	9	7
9	6	7	1	5	4	2	3	8
6	2	1	5	9	7	4	8	3
7	8	3	4	1	2	9	5	6
4	5	9	3	6	8	7	1	2

186

3	9	5	4	8	6	2	7	1
4	1	6	5	2	7	3	9	8
2	7	8	9	1	3	4	5	6
8	2	1	7	6	4	5	3	9
6	5	3	2	9	1	8	4	7
7	4	9	8	3	5	6	1	2
9	3	2	1	4	8	7	6	5
1	6	7	3	5	2	9	8	4
5	8	4	6	7	9	1	2	3

187

3	4	1	5	8	7	9	2	6
9	2	6	1	4	3	8	7	5
5	8	7	2	6	9	3	4	1
4	5	9	8	2	1	7	6	3
6	1	3	4	7	5	2	9	8
8	7	2	9	3	6	5	1	4
2	6	4	3	9	8	1	5	7
1	9	8	7	5	4	6	3	2
7	3	5	6	1	2	4	8	9

188

9	1	7	5	3	6	4	2	8
3	4	8	7	1	2	5	6	9
5	6	2	8	9	4	1	3	7
7	3	1	4	8	5	6	9	2
6	5	4	2	7	9	8	1	3
8	2	9	1	6	3	7	5	4
2	7	3	6	5	8	9	4	1
4	8	6	9	2	1	3	7	5
1	9	5	3	4	7	2	8	6

189

4	3	2	8	5	9	1	7	6
5	8	7	3	6	1	9	4	2
9	6	1	2	4	7	8	5	3
6	1	4	7	9	8	2	3	5
7	5	3	1	2	4	6	9	8
8	2	9	5	3	6	4	1	7
1	7	5	4	8	2	3	6	9
3	9	8	6	1	5	7	2	4
2	4	6	9	7	3	5	8	1

190

5	9	1	7	8	2	6	3	4
3	6	4	9	5	1	7	2	8
2	8	7	3	4	6	5	9	1
4	3	9	5	7	8	1	6	2
6	5	8	2	1	9	4	7	3
1	7	2	4	6	3	8	5	9
7	1	3	6	2	4	9	8	5
9	4	5	8	3	7	2	1	6
8	2	6	1	9	5	3	4	7

191

5	2	6	4	3	8	7	9	1
4	7	9	6	1	5	8	3	2
8	1	3	2	9	7	4	5	6
3	8	7	5	4	1	2	6	9
1	5	2	7	6	9	3	4	8
9	6	4	3	8	2	1	7	5
2	9	5	1	7	4	6	8	3
7	3	8	9	2	6	5	1	4
6	4	1	8	5	3	9	2	7

192

4	1	6	7	3	8	2	9	5
3	2	5	6	1	9	4	7	8
8	7	9	4	2	5	3	6	1
2	9	4	3	5	1	7	8	6
7	8	1	2	6	4	9	5	3
5	6	3	9	8	7	1	4	2
6	5	7	1	9	2	8	3	4
1	4	8	5	7	3	6	2	9
9	3	2	8	4	6	5	1	7

193

8	4	3	7	6	1	9	2	5
9	1	6	3	2	5	4	7	8
5	7	2	8	4	9	1	3	6
2	6	5	4	3	7	8	9	1
3	9	7	5	1	8	6	4	2
4	8	1	2	9	6	7	5	3
1	2	8	9	5	4	3	6	7
6	5	4	1	7	3	2	8	9
7	3	9	6	8	2	5	1	4

194

2	8	4	3	1	9	7	6	5
7	6	1	5	2	8	3	4	9
5	9	3	6	7	4	8	1	2
6	3	5	9	8	7	1	2	4
1	7	9	2	4	5	6	3	8
4	2	8	1	6	3	9	5	7
9	1	2	7	5	6	4	8	3
8	5	7	4	3	1	2	9	6
3	4	6	8	9	2	5	7	1

195

2	7	8	5	6	3	4	9	1
9	6	4	1	8	7	3	5	2
1	5	3	4	9	2	6	7	8
3	4	9	2	1	6	5	8	7
7	8	1	3	4	5	9	2	6
5	2	6	9	7	8	1	3	4
4	1	5	8	2	9	7	6	3
6	9	2	7	3	1	8	4	5
8	3	7	6	5	4	2	1	9

196

9	8	7	3	4	5	1	6	2
4	3	1	8	6	2	9	7	5
5	2	6	7	1	9	4	8	3
7	1	5	4	3	8	6	2	9
8	9	3	2	7	6	5	4	1
6	4	2	9	5	1	8	3	7
1	6	8	5	2	3	7	9	4
3	5	4	6	9	7	2	1	8
2	7	9	1	8	4	3	5	6

197

8	7	3	9	6	4	2	1	5
5	6	2	3	1	7	9	4	8
1	4	9	8	2	5	7	6	3
3	1	4	5	7	2	8	9	6
9	2	8	6	4	3	5	7	1
6	5	7	1	9	8	3	2	4
2	9	5	4	3	1	6	8	7
7	3	1	2	8	6	4	5	9
4	8	6	7	5	9	1	3	2

198

4	7	5	3	1	9	8	6	2
3	2	6	4	5	8	1	7	9
1	9	8	7	6	2	4	5	3
5	1	4	9	8	7	2	3	6
9	6	7	1	2	3	5	4	8
2	8	3	6	4	5	9	1	7
8	4	1	2	7	6	3	9	5
6	5	9	8	3	1	7	2	4
7	3	2	5	9	4	6	8	1

199

2	8	5	3	7	6	9	1	4
9	6	3	5	1	4	8	2	7
1	7	4	9	8	2	3	6	5
3	9	6	4	2	5	7	8	1
7	5	1	6	9	8	4	3	2
8	4	2	1	3	7	5	9	6
6	1	9	7	5	3	2	4	8
5	3	8	2	4	1	6	7	9
4	2	7	8	6	9	1	5	3

200

9	2	3	7	4	5	1	8	6
4	1	8	9	2	6	5	7	3
5	7	6	1	8	3	4	9	2
6	8	5	2	7	4	9	3	1
2	3	4	5	9	1	7	6	8
1	9	7	6	3	8	2	5	4
8	4	9	3	5	2	6	1	7
3	5	1	4	6	7	8	2	9
7	6	2	8	1	9	3	4	5

201

1	9	4	7	3	5	2	6	8
7	5	3	6	8	2	9	1	4
2	8	6	4	1	9	5	7	3
5	2	7	9	6	3	4	8	1
3	6	1	5	4	8	7	2	9
9	4	8	1	2	7	3	5	6
8	7	9	3	5	1	6	4	2
4	1	5	2	9	6	8	3	7
6	3	2	8	7	4	1	9	5

202

7	2	9	5	4	8	3	6	1
4	1	8	2	3	6	9	7	5
6	5	3	7	1	9	2	8	4
8	4	7	1	6	2	5	3	9
1	9	5	8	7	3	4	2	6
2	3	6	9	5	4	7	1	8
5	7	2	4	8	1	6	9	3
9	6	1	3	2	5	8	4	7
3	8	4	6	9	7	1	5	2

203

6	7	9	4	8	1	5	3	2
8	5	3	9	2	6	4	7	1
2	4	1	5	3	7	6	8	9
7	9	8	1	4	2	3	6	5
4	6	5	7	9	3	1	2	8
3	1	2	8	6	5	7	9	4
1	2	6	3	5	8	9	4	7
9	3	7	2	1	4	8	5	6
5	8	4	6	7	9	2	1	3

204

8	3	6	1	7	5	2	4	9
5	9	4	8	6	2	3	1	7
1	2	7	9	3	4	8	6	5
2	1	8	3	5	7	4	9	6
4	6	9	2	8	1	7	5	3
7	5	3	4	9	6	1	2	8
6	4	5	7	1	8	9	3	2
9	8	2	6	4	3	5	7	1
3	7	1	5	2	9	6	8	4

205

```
1 5 8 | 3 9 6 | 2 4 7
4 9 2 | 1 7 5 | 3 6 8
7 6 3 | 8 2 4 | 5 9 1
9 4 5 | 7 6 2 | 1 8 3
6 2 1 | 5 8 3 | 4 7 9
3 8 7 | 4 1 9 | 6 5 2
5 7 4 | 9 3 1 | 8 2 6
8 1 6 | 2 5 7 | 9 3 4
2 3 9 | 6 4 8 | 7 1 5
```

206

```
4 3 9 | 8 2 6 | 5 1 7
1 5 7 | 3 4 9 | 8 6 2
2 6 8 | 1 5 7 | 4 3 9
7 4 1 | 5 6 2 | 9 8 3
9 2 5 | 4 8 3 | 6 7 1
6 8 3 | 7 9 1 | 2 5 4
5 1 2 | 6 3 4 | 7 9 8
3 9 6 | 2 7 8 | 1 4 5
8 7 4 | 9 1 5 | 3 2 6
```

207

```
8 1 5 | 2 3 6 | 4 9 7
4 7 3 | 8 9 1 | 6 5 2
2 9 6 | 5 7 4 | 3 8 1
3 8 7 | 1 6 9 | 2 4 5
9 2 4 | 3 8 5 | 1 7 6
5 6 1 | 4 2 7 | 9 3 8
1 4 8 | 9 5 2 | 7 6 3
6 3 2 | 7 4 8 | 5 1 9
7 5 9 | 6 1 3 | 8 2 4
```

208

```
1 7 4 | 8 6 9 | 2 5 3
5 2 3 | 1 7 4 | 6 9 8
8 9 6 | 2 3 5 | 4 1 7
7 8 2 | 6 4 1 | 5 3 9
4 5 1 | 7 9 3 | 8 2 6
3 6 9 | 5 2 8 | 7 4 1
2 1 5 | 3 8 6 | 9 7 4
9 3 8 | 4 5 7 | 1 6 2
6 4 7 | 9 1 2 | 3 8 5
```

209

```
9 8 7 | 2 1 3 | 4 6 5
6 3 1 | 4 8 5 | 9 7 2
2 5 4 | 7 6 9 | 8 3 1
7 1 3 | 8 9 4 | 5 2 6
8 4 2 | 3 5 6 | 1 9 7
5 9 6 | 1 7 2 | 3 8 4
1 6 9 | 5 3 7 | 2 4 8
4 7 5 | 9 2 8 | 6 1 3
3 2 8 | 6 4 1 | 7 5 9
```

210

```
9 7 8 | 1 4 6 | 5 3 2
4 3 2 | 7 8 5 | 6 1 9
5 6 1 | 3 2 9 | 7 8 4
1 2 4 | 5 6 8 | 9 7 3
7 8 5 | 4 9 3 | 2 6 1
3 9 6 | 2 1 7 | 4 5 8
2 5 7 | 9 3 1 | 8 4 6
6 4 3 | 8 5 2 | 1 9 7
8 1 9 | 6 7 4 | 3 2 5
```

211

```
5 2 4 | 1 6 8 | 3 9 7
1 7 6 | 4 3 9 | 5 2 8
9 3 8 | 5 2 7 | 6 1 4
7 6 1 | 8 5 2 | 4 3 9
4 5 3 | 6 9 1 | 7 8 2
2 8 9 | 7 4 3 | 1 5 6
3 4 7 | 2 8 5 | 9 6 1
6 9 2 | 3 1 4 | 8 7 5
8 1 5 | 9 7 6 | 2 4 3
```

212

```
3 9 1 | 2 5 6 | 8 4 7
4 5 7 | 3 1 8 | 9 6 2
6 2 8 | 9 7 4 | 1 3 5
8 6 9 | 7 4 2 | 3 5 1
7 4 5 | 1 9 3 | 6 2 8
2 1 3 | 6 8 5 | 7 9 4
1 7 4 | 5 6 9 | 2 8 3
5 3 6 | 8 2 1 | 4 7 9
9 8 2 | 4 3 7 | 5 1 6
```

213

```
8 7 4 | 1 3 2 | 5 9 6
6 1 5 | 4 7 9 | 2 3 8
2 9 3 | 6 8 5 | 1 7 4
7 4 1 | 2 5 3 | 6 8 9
3 5 2 | 8 9 6 | 7 4 1
9 8 6 | 7 1 4 | 3 2 5
4 2 7 | 9 6 1 | 8 5 3
5 6 9 | 3 2 8 | 4 1 7
1 3 8 | 5 4 7 | 9 6 2
```

214

```
2 8 4 | 5 1 9 | 6 7 3
7 3 6 | 8 4 2 | 9 5 1
5 1 9 | 6 3 7 | 2 8 4
9 6 3 | 7 5 1 | 4 2 8
4 5 7 | 2 8 6 | 3 1 9
8 2 1 | 4 9 3 | 5 6 7
1 7 5 | 9 2 4 | 8 3 6
6 9 8 | 3 7 5 | 1 4 2
3 4 2 | 1 6 8 | 7 9 5
```

215

```
1 8 9 | 2 5 7 | 3 4 6
5 4 2 | 3 8 6 | 7 9 1
7 6 3 | 4 9 1 | 8 2 5
8 1 5 | 7 3 9 | 2 6 4
9 7 4 | 6 1 2 | 5 8 3
2 3 6 | 8 4 5 | 9 1 7
3 2 1 | 5 6 8 | 4 7 9
4 9 8 | 1 7 3 | 6 5 2
6 5 7 | 9 2 4 | 1 3 8
```

216

```
7 1 8 | 4 2 3 | 6 5 9
5 9 3 | 1 6 7 | 8 4 2
2 6 4 | 8 5 9 | 1 3 7
1 7 6 | 3 9 2 | 4 8 5
8 4 5 | 7 1 6 | 9 2 3
9 3 2 | 5 8 4 | 7 1 6
3 5 7 | 9 4 1 | 2 6 8
4 2 9 | 6 3 8 | 5 7 1
6 8 1 | 2 7 5 | 3 9 4
```

217

7	5	8	4	2	6	3	1	9
3	4	6	9	5	1	8	2	7
1	2	9	7	8	3	4	5	6
6	9	5	3	1	2	7	4	8
2	7	1	8	9	4	5	6	3
8	3	4	6	7	5	1	9	2
4	6	2	1	3	8	9	7	5
5	8	7	2	4	9	6	3	1
9	1	3	5	6	7	2	8	4

218

6	7	9	1	5	8	3	2	4
8	4	5	2	6	3	9	7	1
3	2	1	7	9	4	5	6	8
5	8	2	3	1	7	6	4	9
7	9	3	8	4	6	1	5	2
4	1	6	5	2	9	8	3	7
2	5	7	6	8	1	4	9	3
1	3	4	9	7	5	2	8	6
9	6	8	4	3	2	7	1	5

219

8	9	5	7	2	4	1	3	6
2	4	7	3	1	6	9	8	5
6	3	1	5	9	8	2	4	7
9	2	4	6	5	7	3	1	8
7	6	3	1	8	2	5	9	4
1	5	8	9	4	3	7	6	2
5	1	2	4	6	9	8	7	3
3	8	6	2	7	1	4	5	9
4	7	9	8	3	5	6	2	1

220

8	4	1	7	5	6	9	3	2
7	9	5	3	1	2	6	4	8
3	2	6	4	9	8	5	7	1
4	3	9	8	7	1	2	6	5
6	8	2	5	4	3	1	9	7
1	5	7	2	6	9	3	8	4
5	6	3	1	8	4	7	2	9
2	1	8	9	3	7	4	5	6
9	7	4	6	2	5	8	1	3

221

6	2	5	8	3	9	4	1	7
1	9	7	4	6	2	8	5	3
4	8	3	7	1	5	9	2	6
5	4	9	1	2	6	3	7	8
7	1	8	5	4	3	6	9	2
3	6	2	9	7	8	5	4	1
9	3	6	2	5	1	7	8	4
2	5	4	6	8	7	1	3	9
8	7	1	3	9	4	2	6	5

222

8	6	7	2	9	4	5	3	1
5	2	3	8	6	1	9	4	7
4	1	9	7	5	3	6	8	2
9	5	6	1	8	7	3	2	4
2	4	1	5	3	6	7	9	8
7	3	8	9	4	2	1	5	6
1	7	4	3	2	5	8	6	9
3	8	2	6	7	9	4	1	5
6	9	5	4	1	8	2	7	3

223

1	3	8	9	6	5	2	4	7
7	2	6	4	1	3	8	5	9
4	5	9	7	2	8	6	3	1
9	7	5	3	8	4	1	2	6
2	1	4	6	5	7	9	8	3
8	6	3	1	9	2	5	7	4
5	4	1	2	7	6	3	9	8
6	8	7	5	3	9	4	1	2
3	9	2	8	4	1	7	6	5

224

6	4	2	1	5	8	7	9	3
9	3	1	4	7	6	5	2	8
8	7	5	3	2	9	1	6	4
2	1	8	9	4	7	6	3	5
3	5	4	8	6	1	9	7	2
7	6	9	5	3	2	4	8	1
4	8	7	2	9	5	3	1	6
5	2	6	7	1	3	8	4	9
1	9	3	6	8	4	2	5	7

225

4	5	8	6	7	3	1	2	9
3	6	2	8	9	1	5	7	4
7	9	1	2	4	5	6	3	8
6	1	3	4	2	7	8	9	5
2	7	4	5	8	9	3	6	1
9	8	5	3	1	6	2	4	7
8	3	9	1	6	4	7	5	2
5	2	7	9	3	8	4	1	6
1	4	6	7	5	2	9	8	3

226

9	1	2	8	3	4	5	7	6
6	4	7	1	5	9	2	8	3
3	5	8	7	6	2	4	9	1
7	3	4	5	1	8	9	6	2
8	6	9	4	2	3	1	5	7
5	2	1	6	9	7	3	4	8
4	8	5	3	7	1	6	2	9
1	9	6	2	8	5	7	3	4
2	7	3	9	4	6	8	1	5

227

3	8	7	6	2	1	9	4	5
4	6	9	3	8	5	1	2	7
2	1	5	4	9	7	8	3	6
1	5	6	9	4	8	2	7	3
8	4	2	7	1	3	5	6	9
7	9	3	2	5	6	4	8	1
9	7	8	5	3	4	6	1	2
5	3	4	1	6	2	7	9	8
6	2	1	8	7	9	3	5	4

228

9	4	5	2	7	3	6	1	8
3	6	2	5	1	8	4	9	7
7	8	1	9	4	6	5	2	3
5	7	4	8	2	9	3	6	1
1	9	3	7	6	4	8	5	2
8	2	6	3	5	1	9	7	4
6	5	8	1	3	2	7	4	9
2	3	7	4	9	5	1	8	6
4	1	9	6	8	7	2	3	5

229

```
6 1 3 | 9 7 4 | 2 5 8
2 5 9 | 1 8 6 | 7 4 3
4 7 8 | 5 2 3 | 6 1 9
1 2 5 | 7 9 8 | 3 6 4
8 3 6 | 2 4 1 | 9 7 5
9 4 7 | 3 6 5 | 1 8 2
5 9 4 | 6 3 7 | 8 2 1
7 8 2 | 4 1 9 | 5 3 6
3 6 1 | 8 5 2 | 4 9 7
```

230

```
7 9 2 | 4 6 3 | 8 1 5
8 6 4 | 5 1 7 | 9 2 3
5 3 1 | 8 2 9 | 4 7 6
1 7 6 | 2 5 4 | 3 8 9
2 4 9 | 3 8 6 | 1 5 7
3 8 5 | 9 7 1 | 2 6 4
4 5 8 | 7 9 2 | 6 3 1
9 1 7 | 6 3 8 | 5 4 2
6 2 3 | 1 4 5 | 7 9 8
```

231

```
4 3 2 | 6 5 7 | 8 9 1
7 5 8 | 1 2 9 | 3 6 4
6 9 1 | 3 4 8 | 5 2 7
2 6 9 | 7 3 1 | 4 8 5
3 7 5 | 4 8 2 | 9 1 6
1 8 4 | 9 6 5 | 2 7 3
8 1 6 | 5 9 4 | 7 3 2
9 4 7 | 2 1 3 | 6 5 8
5 2 3 | 8 7 6 | 1 4 9
```

232

```
8 7 9 | 2 1 6 | 3 5 4
6 4 1 | 9 5 3 | 2 7 8
5 2 3 | 8 4 7 | 9 1 6
4 5 2 | 7 3 8 | 1 6 9
1 6 7 | 5 9 2 | 8 4 3
3 9 8 | 1 6 4 | 5 2 7
2 1 6 | 3 7 9 | 4 8 5
7 3 5 | 4 8 1 | 6 9 2
9 8 4 | 6 2 5 | 7 3 1
```

233

```
3 9 1 | 4 5 7 | 2 6 8
8 6 5 | 9 1 2 | 3 7 4
4 7 2 | 8 6 3 | 9 1 5
1 5 4 | 6 7 9 | 8 2 3
2 8 7 | 3 4 1 | 6 5 9
9 3 6 | 5 2 8 | 1 4 7
5 1 9 | 2 3 4 | 7 8 6
6 2 8 | 7 9 5 | 4 3 1
7 4 3 | 1 8 6 | 5 9 2
```

234

```
4 2 9 | 7 3 5 | 8 1 6
1 6 3 | 9 4 8 | 2 7 5
5 8 7 | 6 1 2 | 4 9 3
2 9 1 | 4 8 3 | 6 5 7
3 7 6 | 5 2 9 | 1 8 4
8 5 4 | 1 6 7 | 9 3 2
6 3 8 | 2 7 1 | 5 4 9
7 4 5 | 8 9 6 | 3 2 1
9 1 2 | 3 5 4 | 7 6 8
```

235

```
7 2 1 | 8 3 5 | 6 9 4
6 4 5 | 1 2 9 | 7 8 3
9 3 8 | 4 6 7 | 1 5 2
2 6 3 | 5 7 4 | 8 1 9
8 5 7 | 9 1 2 | 4 3 6
4 1 9 | 3 8 6 | 2 7 5
1 9 2 | 6 5 8 | 3 4 7
5 8 6 | 7 4 3 | 9 2 1
3 7 4 | 2 9 1 | 5 6 8
```

236

```
6 1 4 | 7 3 2 | 5 9 8
7 8 5 | 1 9 4 | 3 2 6
9 3 2 | 5 8 6 | 4 7 1
4 6 7 | 9 2 5 | 8 1 3
8 5 1 | 4 7 3 | 2 6 9
3 2 9 | 8 6 1 | 7 5 4
5 7 6 | 3 1 8 | 9 4 2
1 9 3 | 2 4 7 | 6 8 5
2 4 8 | 6 5 9 | 1 3 7
```

237

```
9 4 1 | 5 2 7 | 6 3 8
8 7 3 | 1 4 6 | 2 9 5
2 6 5 | 3 8 9 | 4 7 1
3 1 9 | 8 5 4 | 7 6 2
6 8 7 | 9 1 2 | 3 5 4
5 2 4 | 7 6 3 | 1 8 9
1 9 2 | 6 3 8 | 5 4 7
7 5 6 | 4 9 1 | 8 2 3
4 3 8 | 2 7 5 | 9 1 6
```

238

```
8 3 9 | 6 2 4 | 7 1 5
4 6 2 | 7 1 5 | 8 3 9
1 5 7 | 9 3 8 | 2 4 6
5 8 1 | 2 9 3 | 6 7 4
3 2 6 | 4 8 7 | 5 9 1
9 7 4 | 1 5 6 | 3 2 8
6 9 8 | 3 7 1 | 4 5 2
2 4 3 | 5 6 9 | 1 8 7
7 1 5 | 8 4 2 | 9 6 3
```

239

```
2 3 5 | 7 8 6 | 4 9 1
7 8 1 | 9 4 3 | 5 6 2
9 4 6 | 5 2 1 | 7 8 3
8 2 4 | 1 3 9 | 6 5 7
3 6 9 | 2 5 7 | 8 1 4
5 1 7 | 4 6 8 | 2 3 9
1 5 2 | 6 9 4 | 3 7 8
6 9 8 | 3 7 2 | 1 4 5
4 7 3 | 8 1 5 | 9 2 6
```

240

```
8 2 7 | 9 5 4 | 6 1 3
5 9 6 | 1 2 3 | 8 7 4
3 1 4 | 8 6 7 | 9 5 2
4 8 5 | 3 7 9 | 2 6 1
7 6 9 | 5 1 2 | 4 3 8
2 3 1 | 4 8 6 | 7 9 5
6 4 2 | 7 3 1 | 5 8 9
9 5 3 | 6 4 8 | 1 2 7
1 7 8 | 2 9 5 | 3 4 6
```

241

2	1	5	4	6	9	7	8	3
7	4	9	8	2	3	5	1	6
3	8	6	5	1	7	2	9	4
9	7	3	6	5	2	8	4	1
4	5	2	3	8	1	9	6	7
1	6	8	9	7	4	3	5	2
6	2	7	1	9	8	4	3	5
8	3	1	2	4	5	6	7	9
5	9	4	7	3	6	1	2	8

242

2	3	9	8	6	4	1	5	7
6	8	1	3	5	7	9	4	2
5	7	4	9	1	2	3	6	8
1	4	5	6	7	8	2	3	9
9	6	7	5	2	3	8	1	4
8	2	3	4	9	1	6	7	5
7	5	8	2	3	6	4	9	1
3	1	2	7	4	9	5	8	6
4	9	6	1	8	5	7	2	3

243

4	5	2	1	3	7	8	9	6
3	9	8	4	5	6	7	2	1
6	1	7	8	2	9	5	3	4
2	3	1	5	6	8	4	7	9
7	4	6	9	1	3	2	8	5
5	8	9	7	4	2	6	1	3
1	6	3	2	7	4	9	5	8
9	2	5	6	8	1	3	4	7
8	7	4	3	9	5	1	6	2

244

1	5	4	8	7	9	6	2	3
2	9	7	6	4	3	5	1	8
3	8	6	1	2	5	4	9	7
6	7	1	4	9	2	3	8	5
4	2	5	3	1	8	9	7	6
9	3	8	7	5	6	1	4	2
5	6	9	2	8	1	7	3	4
8	4	3	9	6	7	2	5	1
7	1	2	5	3	4	8	6	9

245

2	7	4	6	3	5	9	8	1
9	6	8	4	7	1	5	3	2
3	1	5	8	2	9	7	4	6
1	8	2	3	6	7	4	9	5
6	5	7	2	9	4	3	1	8
4	9	3	1	5	8	6	2	7
8	3	9	5	1	6	2	7	4
5	2	1	7	4	3	8	6	9
7	4	6	9	8	2	1	5	3

246

7	2	9	3	5	8	1	6	4
4	3	5	1	2	6	7	8	9
8	1	6	7	9	4	2	3	5
2	9	8	5	1	7	6	4	3
6	7	3	8	4	9	5	2	1
1	5	4	6	3	2	9	7	8
5	4	7	2	8	1	3	9	6
9	6	1	4	7	3	8	5	2
3	8	2	9	6	5	4	1	7

247

8	3	9	7	1	4	6	2	5
6	1	7	8	2	5	3	4	9
5	2	4	6	3	9	7	1	8
1	6	8	3	7	2	9	5	4
7	4	3	5	9	1	8	6	2
2	9	5	4	6	8	1	7	3
9	5	6	1	4	3	2	8	7
4	7	2	9	8	6	5	3	1
3	8	1	2	5	7	4	9	6

248

3	9	6	5	7	8	4	1	2
5	4	1	3	9	2	6	8	7
2	8	7	4	1	6	9	3	5
8	2	3	6	4	9	7	5	1
1	6	9	7	5	3	8	2	4
4	7	5	2	8	1	3	6	9
9	5	2	8	3	7	1	4	6
6	1	8	9	2	4	5	7	3
7	3	4	1	6	5	2	9	8

249

1	6	9	4	5	2	3	7	8
4	8	5	6	7	3	2	1	9
7	3	2	8	9	1	4	5	6
3	5	1	9	2	6	8	4	7
2	4	6	1	8	7	5	9	3
9	7	8	3	4	5	1	6	2
8	9	3	5	6	4	7	2	1
6	2	4	7	1	8	9	3	5
5	1	7	2	3	9	6	8	4

250

9	5	2	6	7	1	3	8	4
8	1	7	9	4	3	6	5	2
4	6	3	8	2	5	7	1	9
2	4	1	7	9	8	5	3	6
7	9	6	5	3	4	8	2	1
3	8	5	1	6	2	4	9	7
6	7	8	2	5	9	1	4	3
5	3	9	4	1	6	2	7	8
1	2	4	3	8	7	9	6	5

251

4	7	6	1	9	3	8	2	5
9	3	5	4	8	2	7	6	1
2	8	1	6	5	7	3	4	9
3	9	4	5	6	8	1	7	2
8	1	7	9	2	4	6	5	3
6	5	2	3	7	1	4	9	8
7	6	3	2	1	9	5	8	4
1	2	8	7	4	5	9	3	6
5	4	9	8	3	6	2	1	7

252

8	1	6	2	9	5	3	4	7
2	5	7	8	4	3	9	6	1
4	9	3	7	6	1	5	2	8
1	3	4	5	2	7	6	8	9
7	6	8	3	1	9	2	5	4
9	2	5	6	8	4	7	1	3
3	7	2	1	5	8	4	9	6
6	8	9	4	7	2	1	3	5
5	4	1	9	3	6	8	7	2

253

6	9	3	5	2	1	7	4	8
8	2	4	3	6	7	9	5	1
1	5	7	4	9	8	3	6	2
9	7	1	6	5	2	4	8	3
2	8	5	7	4	3	6	1	9
3	4	6	1	8	9	5	2	7
4	1	9	2	7	6	8	3	5
5	3	8	9	1	4	2	7	6
7	6	2	8	3	5	1	9	4

254

5	4	7	2	9	8	6	1	3
9	1	8	7	3	6	4	5	2
3	6	2	4	1	5	8	9	7
1	2	4	3	6	9	7	8	5
7	5	3	1	8	2	9	6	4
6	8	9	5	4	7	2	3	1
2	3	6	9	7	1	5	4	8
4	9	5	8	2	3	1	7	6
8	7	1	6	5	4	3	2	9

255

2	1	6	8	9	3	4	7	5
4	5	8	7	2	1	6	3	9
7	9	3	4	5	6	8	1	2
9	3	1	6	7	4	5	2	8
5	4	7	1	8	2	3	9	6
8	6	2	9	3	5	1	4	7
1	2	4	5	6	9	7	8	3
3	8	5	2	1	7	9	6	4
6	7	9	3	4	8	2	5	1

256

8	4	1	9	6	3	2	7	5
3	9	6	2	5	7	4	8	1
5	2	7	8	1	4	3	6	9
1	7	2	3	4	5	8	9	6
4	3	5	6	8	9	1	2	7
9	6	8	7	2	1	5	4	3
2	1	3	4	9	6	7	5	8
7	8	9	5	3	2	6	1	4
6	5	4	1	7	8	9	3	2

257

7	4	6	3	2	8	5	1	9
8	2	9	1	4	5	7	3	6
1	3	5	9	6	7	2	4	8
4	9	2	6	7	3	8	5	1
6	5	1	8	9	2	4	7	3
3	7	8	5	1	4	9	6	2
9	8	4	7	3	6	1	2	5
5	6	7	2	8	1	3	9	4
2	1	3	4	5	9	6	8	7

258

9	5	7	6	2	1	3	4	8
4	2	8	3	7	5	1	6	9
1	6	3	9	4	8	5	7	2
5	1	2	4	6	9	7	8	3
8	7	6	1	3	2	4	9	5
3	4	9	5	8	7	6	2	1
2	3	1	7	9	4	8	5	6
7	9	5	8	1	6	2	3	4
6	8	4	2	5	3	9	1	7

259

3	1	7	2	9	8	5	4	6
6	5	8	1	7	4	3	2	9
9	2	4	5	3	6	7	8	1
1	9	3	7	6	2	4	5	8
7	6	2	8	4	5	9	1	3
4	8	5	9	1	3	6	7	2
5	7	1	6	2	9	8	3	4
2	3	9	4	8	7	1	6	5
8	4	6	3	5	1	2	9	7

260

6	1	2	3	7	4	5	9	8
3	7	9	1	5	8	6	2	4
5	4	8	2	6	9	3	1	7
2	9	5	8	4	6	7	3	1
7	6	1	9	2	3	8	4	5
4	8	3	5	1	7	2	6	9
9	3	6	7	8	1	4	5	2
1	5	7	4	3	2	9	8	6
8	2	4	6	9	5	1	7	3

261

2	7	5	3	8	6	1	4	9
6	3	1	2	9	4	7	8	5
8	9	4	5	1	7	6	2	3
7	8	6	9	2	3	5	1	4
4	1	3	7	6	5	2	9	8
9	5	2	1	4	8	3	7	6
5	2	7	8	3	9	4	6	1
1	4	8	6	5	2	9	3	7
3	6	9	4	7	1	8	5	2

262

7	6	9	2	5	4	3	8	1
5	8	2	7	3	1	4	6	9
3	1	4	6	9	8	7	2	5
4	5	6	3	8	7	9	1	2
2	9	7	4	1	5	8	3	6
8	3	1	9	2	6	5	7	4
6	2	8	5	7	9	1	4	3
9	7	3	1	4	2	6	5	8
1	4	5	8	6	3	2	9	7

263

2	4	9	6	8	7	1	3	5
1	7	5	4	9	3	6	8	2
8	6	3	5	2	1	4	9	7
5	8	1	3	4	2	7	6	9
7	9	6	1	5	8	2	4	3
4	3	2	9	7	6	8	5	1
6	5	8	7	1	9	3	2	4
9	2	7	8	3	4	5	1	6
3	1	4	2	6	5	9	7	8

264

6	3	8	9	1	7	5	4	2
1	7	4	8	2	5	6	9	3
5	2	9	4	3	6	7	1	8
7	5	2	3	6	9	1	8	4
4	8	1	7	5	2	9	3	6
3	9	6	1	8	4	2	5	7
2	1	3	5	7	8	4	6	9
9	6	5	2	4	3	8	7	1
8	4	7	6	9	1	3	2	5

265

1	9	5	2	8	7	3	6	4
6	3	4	1	9	5	8	2	7
8	2	7	3	4	6	5	1	9
9	8	2	6	7	4	1	5	3
7	5	3	9	1	2	6	4	8
4	1	6	5	3	8	9	7	2
2	6	9	4	5	3	7	8	1
3	4	8	7	6	1	2	9	5
5	7	1	8	2	9	4	3	6

266

4	7	6	5	1	3	9	2	8
1	3	9	2	4	8	5	6	7
5	2	8	7	9	6	1	4	3
6	5	2	3	8	7	4	9	1
9	4	3	6	5	1	8	7	2
7	8	1	9	2	4	3	5	6
3	1	7	4	6	5	2	8	9
8	9	5	1	7	2	6	3	4
2	6	4	8	3	9	7	1	5

267

8	7	2	4	6	5	1	9	3
5	6	1	8	3	9	4	7	2
3	9	4	7	1	2	8	5	6
6	8	3	9	5	4	7	2	1
4	1	9	6	2	7	5	3	8
2	5	7	1	8	3	9	6	4
7	4	6	3	9	1	2	8	5
1	3	5	2	7	8	6	4	9
9	2	8	5	4	6	3	1	7

268

8	2	5	4	9	3	7	6	1
7	1	4	2	8	6	5	3	9
9	6	3	7	5	1	4	8	2
4	5	6	9	2	8	1	7	3
3	8	9	5	1	7	2	4	6
1	7	2	6	3	4	9	5	8
2	4	8	3	7	9	6	1	5
6	9	1	8	4	5	3	2	7
5	3	7	1	6	2	8	9	4

269

8	6	9	2	5	1	3	4	7
5	2	4	7	3	8	1	9	6
1	3	7	4	6	9	2	5	8
3	8	6	9	7	2	4	1	5
4	1	5	6	8	3	7	2	9
9	7	2	5	1	4	6	8	3
6	5	1	8	2	7	9	3	4
2	9	8	3	4	6	5	7	1
7	4	3	1	9	5	8	6	2

270

4	6	1	3	7	5	9	2	8
5	7	8	9	2	6	1	4	3
3	9	2	4	1	8	6	7	5
1	8	7	2	6	9	3	5	4
2	3	6	5	4	1	7	8	9
9	4	5	7	8	3	2	6	1
7	1	4	8	9	2	5	3	6
6	2	3	1	5	4	8	9	7
8	5	9	6	3	7	4	1	2

271

2	6	5	8	3	9	7	1	4
4	8	3	6	1	7	2	5	9
9	7	1	5	4	2	3	6	8
7	3	4	1	9	5	6	8	2
1	2	9	4	6	8	5	3	7
8	5	6	2	7	3	4	9	1
5	1	2	3	8	4	9	7	6
6	4	7	9	5	1	8	2	3
3	9	8	7	2	6	1	4	5

272

3	9	7	8	1	6	2	5	4
2	8	5	9	4	3	7	6	1
1	6	4	5	7	2	3	8	9
5	7	3	4	8	9	1	2	6
9	1	6	2	3	7	8	4	5
4	2	8	1	6	5	9	7	3
8	4	9	7	5	1	6	3	2
7	3	2	6	9	4	5	1	8
6	5	1	3	2	8	4	9	7

273

8	7	3	6	1	5	9	2	4
2	4	5	9	8	3	6	1	7
9	6	1	2	4	7	8	3	5
1	9	7	8	6	4	2	5	3
4	2	8	5	3	1	7	9	6
5	3	6	7	9	2	1	4	8
7	8	2	3	5	9	4	6	1
3	1	9	4	7	6	5	8	2
6	5	4	1	2	8	3	7	9

274

2	7	5	1	9	8	3	6	4
6	9	8	5	3	4	7	1	2
4	3	1	7	2	6	9	5	8
7	8	3	9	1	2	6	4	5
9	1	2	4	6	5	8	7	3
5	4	6	3	8	7	1	2	9
8	6	7	2	5	9	4	3	1
1	2	4	8	7	3	5	9	6
3	5	9	6	4	1	2	8	7

275

6	8	9	4	1	7	5	2	3
4	3	2	6	9	5	8	1	7
5	7	1	2	8	3	6	9	4
2	9	6	1	7	4	3	8	5
8	5	3	9	6	2	4	7	1
1	4	7	5	3	8	9	6	2
3	6	5	7	2	9	1	4	8
9	2	8	3	4	1	7	5	6
7	1	4	8	5	6	2	3	9

276

8	1	9	5	4	6	2	7	3
3	6	4	8	2	7	1	9	5
5	7	2	9	1	3	6	8	4
1	4	6	7	3	9	8	5	2
7	9	5	1	8	2	4	3	6
2	8	3	4	6	5	9	1	7
6	5	8	3	9	4	7	2	1
4	3	1	2	7	8	5	6	9
9	2	7	6	5	1	3	4	8

277

2	3	7	6	4	9	8	1	5
9	6	1	8	2	5	3	4	7
5	4	8	3	7	1	9	2	6
8	9	3	7	1	4	6	5	2
7	5	4	9	6	2	1	3	8
1	2	6	5	8	3	4	7	9
4	8	5	1	9	7	2	6	3
6	7	2	4	3	8	5	9	1
3	1	9	2	5	6	7	8	4

278

4	1	6	5	7	3	9	8	2
9	3	5	1	2	8	6	7	4
8	2	7	6	9	4	5	3	1
6	7	2	4	3	5	8	1	9
5	9	1	7	8	2	3	4	6
3	8	4	9	1	6	7	2	5
2	4	9	8	5	7	1	6	3
7	5	3	2	6	1	4	9	8
1	6	8	3	4	9	2	5	7

279

5	1	3	8	9	7	6	4	2
2	8	7	3	4	6	1	9	5
9	6	4	2	5	1	3	8	7
1	2	8	6	7	3	9	5	4
3	4	6	9	2	5	8	7	1
7	5	9	1	8	4	2	3	6
8	3	5	7	1	2	4	6	9
4	9	1	5	6	8	7	2	3
6	7	2	4	3	9	5	1	8

280

5	9	3	4	7	6	8	2	1
8	1	6	2	5	9	7	4	3
7	4	2	1	3	8	6	5	9
3	7	8	9	6	2	5	1	4
9	2	1	8	4	5	3	6	7
6	5	4	7	1	3	9	8	2
4	8	5	3	9	1	2	7	6
2	3	7	6	8	4	1	9	5
1	6	9	5	2	7	4	3	8

281

1	9	3	8	4	5	6	2	7
6	2	8	9	1	7	4	5	3
7	4	5	3	6	2	8	9	1
3	7	9	2	8	6	5	1	4
5	6	4	7	9	1	2	3	8
8	1	2	5	3	4	7	6	9
9	5	7	4	2	3	1	8	6
2	8	1	6	7	9	3	4	5
4	3	6	1	5	8	9	7	2

282

9	2	1	8	3	5	6	7	4
3	7	8	4	2	6	9	5	1
5	4	6	1	7	9	3	2	8
2	3	7	9	6	8	4	1	5
6	9	4	7	5	1	2	8	3
8	1	5	2	4	3	7	9	6
4	8	2	3	1	7	5	6	9
7	6	9	5	8	4	1	3	2
1	5	3	6	9	2	8	4	7

283

7	6	4	1	9	8	5	3	2
3	9	2	6	4	5	1	8	7
5	8	1	2	3	7	6	9	4
4	1	5	3	2	6	8	7	9
6	2	9	8	7	4	3	1	5
8	7	3	9	5	1	4	2	6
1	5	7	4	8	2	9	6	3
9	4	8	7	6	3	2	5	1
2	3	6	5	1	9	7	4	8

284

4	3	7	6	5	8	1	9	2
9	1	5	7	4	2	8	3	6
8	2	6	3	1	9	5	4	7
1	5	2	9	8	6	4	7	3
7	8	9	2	3	4	6	1	5
3	6	4	1	7	5	2	8	9
2	7	3	4	6	1	9	5	8
5	9	1	8	2	3	7	6	4
6	4	8	5	9	7	3	2	1

285

8	7	4	1	3	9	5	6	2
2	9	1	5	6	8	7	3	4
3	6	5	4	2	7	1	9	8
9	1	7	2	8	4	3	5	6
4	5	3	9	1	6	8	2	7
6	2	8	7	5	3	4	1	9
7	4	2	3	9	5	6	8	1
5	8	9	6	7	1	2	4	3
1	3	6	8	4	2	9	7	5

286

8	5	4	7	9	2	6	1	3
6	3	2	4	8	1	5	7	9
1	9	7	6	3	5	2	4	8
3	8	1	2	4	9	7	5	6
4	7	9	5	1	6	3	8	2
5	2	6	8	7	3	4	9	1
9	4	3	1	2	7	8	6	5
2	6	8	9	5	4	1	3	7
7	1	5	3	6	8	9	2	4

287

9	1	8	6	3	5	4	2	7
3	6	5	7	4	2	9	1	8
2	4	7	1	8	9	6	5	3
1	5	4	8	6	7	3	9	2
8	9	2	5	1	3	7	4	6
7	3	6	2	9	4	1	8	5
5	7	9	4	2	6	8	3	1
6	8	3	9	5	1	2	7	4
4	2	1	3	7	8	5	6	9

288

7	2	9	8	4	3	1	5	6
4	5	1	6	7	2	9	3	8
6	3	8	5	9	1	7	2	4
8	1	2	3	5	6	4	7	9
5	6	7	9	1	4	2	8	3
9	4	3	2	8	7	5	6	1
3	9	4	7	6	5	8	1	2
1	7	6	4	2	8	3	9	5
2	8	5	1	3	9	6	4	7

289

6	8	7	9	4	5	1	2	3
3	9	5	1	6	2	4	8	7
4	1	2	8	3	7	5	6	9
7	4	3	5	1	6	2	9	8
5	6	9	2	8	3	7	4	1
8	2	1	4	7	9	6	3	5
9	7	8	6	5	4	3	1	2
1	3	6	7	2	8	9	5	4
2	5	4	3	9	1	8	7	6

290

9	5	7	4	6	2	1	3	8
1	6	2	3	7	8	5	9	4
3	8	4	5	9	1	7	6	2
5	3	9	6	2	7	8	4	1
7	4	6	1	8	3	2	5	9
8	2	1	9	4	5	3	7	6
4	1	8	7	5	6	9	2	3
6	7	3	2	1	9	4	8	5
2	9	5	8	3	4	6	1	7

291

8	5	3	2	4	1	7	9	6
9	2	7	3	6	5	1	4	8
4	6	1	9	8	7	5	3	2
5	3	9	1	7	6	8	2	4
6	7	4	5	2	8	9	1	3
2	1	8	4	9	3	6	7	5
3	8	2	6	1	9	4	5	7
1	4	6	7	5	2	3	8	9
7	9	5	8	3	4	2	6	1

292

7	2	4	9	5	8	6	3	1
1	6	8	4	7	3	2	9	5
9	3	5	1	6	2	4	8	7
8	5	6	7	4	1	9	2	3
3	9	1	6	2	5	7	4	8
2	4	7	8	3	9	1	5	6
4	1	2	5	8	7	3	6	9
6	8	9	3	1	4	5	7	2
5	7	3	2	9	6	8	1	4

293

8	9	7	4	6	1	5	3	2
1	5	4	3	9	2	7	8	6
3	2	6	8	7	5	1	9	4
2	3	9	1	5	7	4	6	8
4	1	5	2	8	6	9	7	3
7	6	8	9	4	3	2	5	1
9	8	2	5	3	4	6	1	7
6	4	3	7	1	9	8	2	5
5	7	1	6	2	8	3	4	9

294

9	5	4	8	2	1	6	3	7
1	2	3	5	6	7	4	8	9
7	6	8	4	3	9	5	2	1
8	4	5	2	1	3	9	7	6
3	7	9	6	4	5	2	1	8
6	1	2	9	7	8	3	4	5
5	3	7	1	9	2	8	6	4
2	9	6	7	8	4	1	5	3
4	8	1	3	5	6	7	9	2

295

6	3	4	2	5	7	9	1	8
8	5	7	6	9	1	3	2	4
2	1	9	8	3	4	5	7	6
5	8	1	4	6	2	7	9	3
9	2	6	1	7	3	4	8	5
4	7	3	9	8	5	2	6	1
1	9	2	3	4	8	6	5	7
7	4	8	5	2	6	1	3	9
3	6	5	7	1	9	8	4	2

296

7	8	9	6	2	4	1	3	5
2	3	5	8	1	7	4	6	9
1	4	6	9	3	5	2	8	7
5	9	8	1	7	2	6	4	3
4	7	3	5	8	6	9	2	1
6	2	1	3	4	9	5	7	8
9	1	2	7	6	8	3	5	4
8	5	4	2	9	3	7	1	6
3	6	7	4	5	1	8	9	2

297

9	2	1	7	6	3	5	4	8
3	5	6	1	4	8	2	7	9
4	7	8	9	2	5	3	1	6
1	4	3	6	5	2	9	8	7
6	9	7	3	8	1	4	5	2
2	8	5	4	7	9	1	6	3
7	1	2	8	9	4	6	3	5
5	6	4	2	3	7	8	9	1
8	3	9	5	1	6	7	2	4

298

8	4	2	5	1	6	9	3	7
1	6	3	7	8	9	4	5	2
5	9	7	4	3	2	1	6	8
9	1	5	6	7	8	2	4	3
7	2	4	3	9	5	6	8	1
3	8	6	1	2	4	5	7	9
6	7	9	8	5	1	3	2	4
2	5	8	9	4	3	7	1	6
4	3	1	2	6	7	8	9	5

299

9	4	8	5	3	1	7	6	2
5	1	3	6	7	2	4	8	9
6	7	2	9	4	8	1	3	5
2	6	7	8	9	5	3	4	1
3	9	5	4	1	6	8	2	7
1	8	4	3	2	7	9	5	6
8	2	9	1	5	3	6	7	4
7	3	1	2	6	4	5	9	8
4	5	6	7	8	9	2	1	3

300

4	9	7	6	3	2	5	1	8
3	6	5	1	8	7	2	9	4
1	8	2	5	4	9	6	3	7
5	3	6	9	7	1	8	4	2
9	1	4	2	6	8	7	5	3
2	7	8	4	5	3	1	6	9
6	4	3	8	2	5	9	7	1
8	5	9	7	1	4	3	2	6
7	2	1	3	9	6	4	8	5